科学出版社"十三五"普通高等教育本科规划教材

新能源科学与工程专业系列教材

智能风光微网技术

李天福　钱　斌　张惠国　胡雷振　编著

U0252464

科学出版社

北　京

内 容 简 介

本书主要介绍风光微电网的储能、逆变器、控制与运行、监测四个关键技术，简要介绍风光互补发电中典型的风光储微电网结构、系统设计以及智能用电的知识。

本书可作为新能源科学与工程专业"风光互补与微电网"课程的教材，也可作为从事微电网技术人员的参考书。

图书在版编目（CIP）数据

智能风光微网技术 / 李天福等编著. —北京：科学出版社，2019.8
科学出版社"十三五"普通高等教育本科规划教材·新能源科学与工程专业系列教材
ISBN 978-7-03-061970-9

Ⅰ. ①智⋯　Ⅱ. ①李⋯　Ⅲ. ①智能控制–电网–高等学校–教材
Ⅳ. ①TM76

中国版本图书馆 CIP 数据核字（2019）第 162852 号

责任编辑：余　江　张丽花 / 责任校对：樊雅琼
责任印制：吴兆东 / 封面设计：迷底书装

科学出版社 出版
北京东黄城根北街 16 号
邮政编码：100717
http://www.sciencep.com

北京中石油彩色印刷有限责任公司印刷
科学出版社发行　各地新华书店经销
*
2019 年 8 月第 一 版　开本：B5（720×1000）
2024 年 7 月第五次印刷　印张：11 1/2
字数：232 000
定价：49.00 元
（如有印装质量问题，我社负责调换）

前　言

随着清洁能源、新能源的开发，微电网（Micro-grid，简称微网）成为电力系统的一个重要环节，国内外都在进行新能源微电网示范工程建设。随着微电网关键技术的深入研究，微电网技术日趋成熟。作为新能源科学与工程专业课程需要与时俱进，使学生了解微电网的关键技术及其最新发展状况。

本书是根据"风光互补与微电网"课程的教学材料整理编写的。全书共8章，第1章为微电网概述，介绍微电网的发展背景、基础知识和风光储微电网；第2章为光伏发电子系统，介绍太阳电池与光伏阵列、微电网中常用的电力设备，以及光伏的最大功率点跟踪控制方法；第3章为风力发电子系统，主要介绍常用的风力发电机的基本构成、模型、工作原理；第4章为储能子系统，主要介绍储能子系统结构和能量管理方法，以及蓄电池、储能变流器的模型；第5章为微电网逆变器，主要分析逆变器的模型、控制方法，改进电能质量的常用措施；第6章为微电网控制与运行，主要介绍微电网的控制方法、运行状态、保护技术；第7章为微电网监测与用电，主要内容是微电网测控系统、通信技术、智能化技术，以及智能用电的一些方案；第8章为微电网系统设计初步，简要介绍微电网系统的设计内容和案例。每章附有少量思考题，供课后练习。

本书在内容上，既有模型、控制等关键技术，又有设备的要求、工程应用知识。在写作上，减少公式推导，增加图形表达，突出重点内容。

本书由李天福主要编写并统稿。钱斌编写第4章，张惠国编写第3章，苏州腾晖光伏技术有限公司胡雷振参与编写第8章，其余章节由李天福编写。

在本书的编写过程中，参阅了一些学位论文和网络资料，在此对这些文献资料的作者表示衷心的感谢。常熟理工学院的领导和教师对本书的写作提供了指导，科学出版社的编辑对本书的出版做了大量的工作，编者的家人提供了大量的无私帮助，在此一并表示感谢。

虽然编者已尽心编写和反复校核，但限于水平，疏漏之处在所难免，恳请读者不吝指正。

编　者

2019 年 1 月

目　　录

前言

第1章　微电网概述 ……………………………………………………………… 1

  1.1　发展背景 ……………………………………………………………… 1

  1.2　微电网基础 …………………………………………………………… 2

    1.2.1　微电网的主要设备 …………………………………………… 2

    1.2.2　微电网的主要特点 …………………………………………… 5

    1.2.3　微电网分类 …………………………………………………… 6

    1.2.4　微电网运行与控制模式 ……………………………………… 8

  1.3　风光储微电网 ………………………………………………………… 9

    1.3.1　风光储微电网的结构 ………………………………………… 9

    1.3.2　光伏发电 ……………………………………………………… 9

    1.3.3　风力发电 ……………………………………………………… 10

  思考题 …………………………………………………………………… 11

第2章　光伏发电子系统 ……………………………………………………… 13

  2.1　太阳电池与光伏阵列 ………………………………………………… 13

    2.1.1　太阳电池模型 ………………………………………………… 13

    2.1.2　光伏阵列 ……………………………………………………… 14

    2.1.3　光伏阵列排布 ………………………………………………… 16

  2.2　最大功率点跟踪 ……………………………………………………… 17

    2.2.1　最大功率点跟踪原理 ………………………………………… 17

    2.2.2　恒压跟踪法 …………………………………………………… 17

    2.2.3　扰动观测法 …………………………………………………… 18

    2.2.4　电导增量法 …………………………………………………… 19

  2.3　发电子系统设备 ……………………………………………………… 20

    2.3.1　光伏发电系统专用设备 ……………………………………… 20

    2.3.2　电力变换设备 ………………………………………………… 22

    2.3.3　通断设备 ……………………………………………………… 24

    2.3.4　保护设备 ……………………………………………………… 27

    2.3.5　无功补偿设备 ………………………………………………… 28

思考题 ·· 32

第3章　风力发电子系统 ··· 33

3.1　风能 ··· 33
3.1.1　风能模型 ·· 33
3.1.2　风能评估 ·· 34
3.1.3　风能利用特性 ·· 35

3.2　机械系统 ·· 36
3.2.1　叶片与桨距角 ·· 36
3.2.2　安全保护系统 ·· 38
3.2.3　传动与辅助系统 ··· 38

3.3　发电机系统 ··· 40
3.3.1　发电机结构 ·· 40
3.3.2　发电机的工作原理 ··· 41
3.3.3　主流风力发电机型 ··· 44

3.4　风力发电机的控制 ·· 48
3.4.1　风力发电控制方法 ··· 48
3.4.2　恒速恒频风力发电机 ·· 52
3.4.3　变速恒频风力发电机 ·· 54

思考题 ·· 63

第4章　储能子系统 ·· 64

4.1　储能子系统结构 ··· 64
4.1.1　储能子系统接入电网 ·· 64
4.1.2　蓄电池组接入储能子系统 ··· 65
4.1.3　蓄电池的连接 ·· 66

4.2　蓄电池 ·· 66
4.2.1　锂离子蓄电池特性 ··· 66
4.2.2　锂离子蓄电池模型 ··· 67
4.2.3　蓄电池组设计的注意事项 ··· 69

4.3　储能变流器 ·· 70
4.3.1　储能变流器结构 ··· 70
4.3.2　双向DC-DC电路 ·· 71
4.3.3　工作模式 ·· 72

4.4　电池管理系统 ·· 74
4.4.1　功能与黑启动 ·· 74

4.4.2　蓄电池荷电状态估计 ·········· 75

4.4.3　蓄电池的均衡 ············· 77

4.4.4　蓄电池充放电方法 ·········· 80

4.4.5　安全管理 ··············· 80

思考题 ···························· 81

第 5 章　微电网逆变器 ·················· 82

5.1　逆变并网系统 ················· 82

5.1.1　分类 ················· 82

5.1.2　并网系统构成 ············ 83

5.2　网侧逆变器模型 ················ 84

5.2.1　坐标变换 ·············· 84

5.2.2　锁相环 ················ 87

5.2.3　三相电压型逆变器模型 ······· 89

5.3　逆变器控制方法 ················ 92

5.3.1　信号的定向 ············· 92

5.3.2　恒功率 P-Q 控制 ·········· 96

5.3.3　恒压恒频 U/f 控制 ········· 99

5.3.4　下垂控制 ·············· 102

5.4　电能质量 ··················· 108

5.4.1　谐波 ················· 108

5.4.2　三相不平衡 ············· 111

思考题 ···························· 115

第 6 章　微电网控制与运行 ··············· 116

6.1　微电网控制方式 ················ 116

6.1.1　主从控制 ·············· 116

6.1.2　对等控制 ·············· 117

6.1.3　分层控制 ·············· 118

6.2　稳态运行 ··················· 120

6.2.1　离网运行 ·············· 120

6.2.2　并网运行 ·············· 122

6.2.3　孤岛检测方法 ············ 123

6.3　运行切换技术 ················· 125

6.3.1　并网切换至离网 ··········· 125

6.3.2　离网切换至并网 ··········· 126

      6.3.3　黑启动控制 ···················· 128

      6.3.4　工作模式无缝切换 ·············· 129

  6.4　运行保护 ·························· 131

      6.4.1　继电保护 ···················· 131

      6.4.2　防雷 ························ 134

      6.4.3　接地 ························ 135

  思考题 ······························ 138

第 7 章　微电网监测与用电 ············· 140

  7.1　微电网测控系统 ···················· 140

      7.1.1　监控与数据采集系统 ············ 140

      7.1.2　组态软件 ···················· 142

      7.1.3　集散控制系统 ················ 143

      7.1.4　现场总线控制系统 ·············· 144

  7.2　智能微电网 ······················ 146

      7.2.1　特点与结构 ·················· 146

      7.2.2　就地控制层 ·················· 147

      7.2.3　集中控制层 ·················· 149

      7.2.4　调度管理层 ·················· 149

  7.3　通信技术 ·························· 150

      7.3.1　微电网的通信方案 ·············· 150

      7.3.2　基于 IEC60870 的微电网通信 ······ 152

      7.3.3　IEC61850 的通信协议 ············ 154

      7.3.4　基于 IEC61850-7-420 的微电网通信 ·· 155

  7.4　智能用电 ·························· 158

      7.4.1　智能用电的体现 ·············· 158

      7.4.2　智能电能表 ·················· 159

      7.4.3　电动汽车储能 ················ 160

  思考题 ······························ 163

第 8 章　微电网系统设计初步 ············· 164

  8.1　微电网规划设计基础 ················ 164

      8.1.1　发电子系统位置 ·············· 164

      8.1.2　规划设计的主要内容 ············ 164

      8.1.3　微电网场站设计 ·············· 165

      8.1.4　微电网投资收益 ·············· 166

8.2　仿真与案例···167

　　8.2.1　微电网仿真···167

　　8.2.2　示例···169

思考题···171

参考文献···172

第1章　微电网概述

1.1　发 展 背 景

随着社会经济的快速发展，电力产业面临诸多新的需求。典型的需求包括：开发可再生能源、清洁能源，提升输电能力和输电距离，改造陈旧老化的电力设施，提高供电可靠性和电能质量等。为适应新的发展形势和解决电力产业出现的诸多问题，在 2003 年之后，以美国和欧盟为代表的国家、地区和一些组织提出了建设"智能电网（Smart Grid）"的计划，以期建设具有智能控制、智能管理、智能分析特征的电网。

2009 年，国家电网有限公司提出了建设坚强智能电网（Strong and Smart Grid）的规划，发展目标是以特高压电网为骨干网架，构建"坚强"的基础，实现以信息化、数字化、自动化、互动化为"智能"技术特征，建设能充分发挥其功能和作用的电网。

坚强智能电网以坚强网架为基础，以通信信息平台为支撑，以智能控制为手段，包含电力系统的发电、输电、变电、配电、用电和调度各个环节，覆盖所有电压等级，实现"电力流、信息流、业务流"的高度一体化融合，是坚强可靠、经济高效、清洁环保、透明开放、友好互动的现代电网。

2015 年，中国提出构建全球能源互联网（Internet of Energy），能源互联网是"互联网+"智慧能源的简称，全球能源互联网发展合作组织成为全球首个由中国发起并成立的能源国际组织。全球能源互联网的构建，有助于各种能源（包括电、天然气、石油、清洁能源等）的高效生产、调配和使用。

能源互联网是一种互联网与能源生产、传输、存储、消费以及能源市场深度融合的能源产业发展新形态，具有设备智能、多能协同、信息对称、供需分散、系统扁平、交易开放等主要特征。能源互联网对提高可再生能源比重，促进化石能源清洁高效利用，提升能源综合效率，推动能源市场开放和产业升级，形成新的经济增长点，提升能源国际合作水平具有重要意义。

2016 年，由中华人民共和国国家发展和改革委员会、国家能源局、工业和信息化部联合印发《关于推进"互联网+"智慧能源发展的指导意见》，将能源互联网建设近中期分为两个阶段推进：2016～2018 年，开展试点示范；2019～2025 年，将着力推进能源互联网多元化、规模化发展，初步建成能源互联网产业体系，形成较为完备的技术及标准体系并推动实现国际化。

目前,中国正稳步推进能源互联网建设,同时开展的 10 项重点任务均涉及新能源,以下是与风力发电、光伏发电、微电网密切相关的一些任务。

(1)能源互联网的建设,鼓励建设智能风电场、智能光伏电站等设施及基于互联网的智慧运行云平台,实现可再生能源的智能化生产。

(2)不同能源网络接口设施的标准化、模块化建设,各种能源生产、消费设施的"即插即用"与"双向传输",大幅提升可再生能源、分布式能源及多元化负载的接纳能力。

(3)能源互联网的关键技术。能源互联网的核心设备研发,为能源互联网设施自下而上的自治组网、分散式网络化协同控制提供硬件支撑,支持直流电网、先进储能、能源转换、需求侧能量管理等关键技术、产品及设备的研发和应用;信息物理系统的关键技术研发,研究多能融合能源系统的建模、分析与优化技术,研究集中式与分布式协同计算、控制、调度与自愈技术。

(4)发展储能和电动汽车应用新模式。充分利用风能、太阳能等可再生能源,在城市、景区、高速公路等区域因地制宜建设新能源充放电站等基础设施,提供电动汽车充放电、换电等业务。

其他建设任务有:营造开放共享的能源互联网生态体系,建立灵活的能源市场交易模式、智慧用能新模式,能源大数据服务与应用(能源大数据的集成和安全共享、能源大数据的业务服务体系),建设能源互联网的标准体系。

1.2　微电网基础

1.2.1　微电网的主要设备

美国电气技术可靠性解决方案协会(Consortium for Electric Reliability Technology Solution,CERTS)的微电网定义为:微电网是由分布式电源(Distributed Generation,DG)和负载共同构成的网络,该分布式电源既能产生电能又能提供热能。分布式电源通过电力电子装置进行能量的变换,同时可以灵活受控,微电网作为电力系统的一个集成受控单元运行,在此基础上达到用户对供电质量以及电能安全的要求。

欧洲的微电网定义为:以智能性、能量利用多元化为特点,充分利用分布式能源、智能技术、先进电力电子技术等实现集中供电与分布式发电的电网。

中国(国家电网中国电力科学研究院有限公司)对微电网的定义:以分布式发电技术为基础,以靠近分散型资源或用户的小型电站为主,结合终端用户质量管理和能源梯级利用技术形成的小型模块化、分散式的供能网络。

美国、欧洲、中国给出的微电网定义略有不同，而且美国、欧洲等国家和地区或不同机构提出的微电网的结构也略有不同，其中 CERTS 提出的微电网构成如图 1-1 所示。

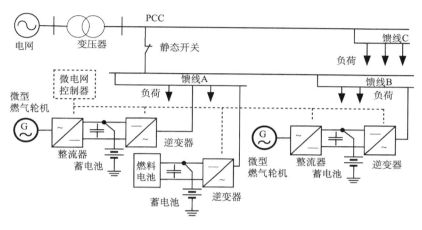

图 1-1　CERTS 提出的微电网构成

微电网定义的差异仅是侧重点不同，但可以归纳出微电网的公共特点是一种网络结构的小型发配电系统。这种小型发配电系统位于用户侧，既能并网运行，又能离网运行。各种定义的微电网，基本上都包含了分布式电源、储能装置、负载、控制器、变流器和静态开关。

1. 分布式电源

分布式电源(或称为微电源、分布式发电)尚无统一定义，一般是指为了满足用户特定的需要、支持现存配电网的经济运行或同时满足这两个方面的要求，且在用户现场或靠近用户现场配置功率为千瓦级到 50MW 的小型、与环境兼容的发电系统。

在微电网离网运行时，分布式电源对负载起支撑作用，微电网中的调峰等作用可由储能装置或者微电网中的传统发电单元来完成。

在微电网并网运行时，分布式电源对负载的支撑作用转移到了电网。如果分布式电源的能量输出能够满足微电网中负载的需求，电网对负载的支撑作用只体现在电网对微电网进行稳定性调节和调峰上。

2. 储能装置

储能(Energy Storage，ES)方式有多种，大体可分为机械、电磁、电化学储能三大类。微电网的储能方式主要为电化学储能，储能装置使用蓄电池。蓄电池种类较多，特性各异，在选用时要仔细比较权衡利弊。

3. 微电网的负载

根据不同的电能质量需求以及负载敏感程度，微电网中的负载分为三类：不可调节负载、可调节负载与不敏感负载(分别连接图 1-1 中馈线 A、B、C)，其中不可调节负载和可调节负载属于重要负载。重要负载都采用电网与分布式电源双电源供电模式，不敏感负载仅由电网直接供电，负载的切除和接入由负载控制器执行。

当电网发生故障时，三类负载出现不同的接入和切除工作状态。静态开关会及时动作保证重要负载供电正常以及对故障进行隔离处理，可由本地分布式电源向重要负载供电。对于可调节负载，系统可根据微电网功率平衡的需求在必要时将其切除。不敏感负载的供电，并不加以重要保护。

4. 微电网控制器

典型的(分层控制)微电网控制器(Microgrid Controller)可以分成两部分：微电网协调控制器和底层的分布式电源控制器。

微电网协调控制器是微电网控制的核心设备，统一协调底层分布式电源控制器和负载控制器，可以进行编程设置。微电网协调控制器负责微电网发电(有功功率、频率)控制、电压稳定(无功功率)控制、负载投切控制；按照预设的控制程序运行，分析电能质量；形成微电网的数据分析报表、经济运行报表。

分布式电源控制器需要配置能量管理及潮流控制功能，实现对各种分布式电源和本地潮流的实时控制。当电网变化时，能量管理功能要根据电网的变化切换逆变器控制策略，改变逆变器的运行状态。当负载变化时，潮流控制功能要根据额定频率和电压信息进行潮流调节，控制分布式电源的功率输出与电网的需求功率保持平衡。有时，在实现时，可以将分布式电源控制器和负载控制器合在一起。

5. 变流器和静态开关

变流器(Converter)是多种电能变换设备的统称，要根据分布式电源或者储能装置等设备的输入输出需求装设变流器。在微电网中常用的变流器有：DC-AC 逆变器、AC-DC 整流器、DC-DC 斩波器、AC-DC-AC 变压变频器等。

静态开关(Static Transfer Switch，STS)是微电网与公共电网相连的关键设备，微电网与电网的连接点即静态开关的位置。微电网与电网的连接仅有一个公共连接点(Point of Common Connection，PCC)，其通过静态开关接入电网，而分布式电源和母线是使用断路器(Breaker)连接的。

静态开关一般是由两个反向并联的电力电子开关、微处理器、继电器及其他硬件等构成的,用于微电网的并网运行模式和离网运行模式的切换。静态开关除了具备开关功能,还应具备保护、测量及通信功能,还需要满足有关的连接标准。

1.2.2　微电网的主要特点

与传统电网比较,微电网具有灵活性高、可接入性强、可靠性高、经济性好的特点。

(1)灵活性高。微电网安装地点灵活,具有输配电资源和输电线路损耗少等特有优势,成为大型电网的有力补充和有效支撑。但是,具有高渗透的分布式电源构成的微电网接入电网时,会引起如稳定性、控制和保护等方面的一系列新问题。

(2)可接入性强。微电网可以接入多种分布式电源,如风力发电、光伏发电、燃料电池、热电联产等,这些分布式电源具有能源利用率高、发电多元化、污染少的优点。

(3)可靠性高。微电网与传统发电系统的主要区别在于微电网具有便利的可调度性,属于小型电力自治系统。微电网保障率高,对重要负载可以并网和离网两种运行模式供电,在主电网失电的情况下,保障了负载的用电。

(4)经济性好。与集中式能源相比,微电网更接近负载。微电网可以有效地降低线损,可以减少电能输送,减少设备和线路的投资以及维护费用。

通过对微电网的定义、构成、特性的分析,可以看出微电网与主动配电网(Active Distribution Network,ADN)、智能电网有一些相同之处,但侧重点不同,主要区别有以下几个方面。

(1)微电网和主动配电网都是智能电网的一部分。通常微电网作为主动配电网的智能子系统,主动配电网与微电网双向互动,主动配电网与电网双向互动。

(2)微电网、主动配电网、智能电网研究的主要方向不同。主动配电网的研究主要集中于分布式电源的优化规划、电压管理、需求侧管理、保护和故障定位等方面。微电网的研究集中在微电网并网后的控制方式、运行调度、协调控制等问题。智能电网主要研究宏观的网架、监测、规范等。

(3)控制层次和调度等级不同。微电网、主动配电网、智能电网的控制层次、调度等级、可靠性等级逐渐升高。分布式电源相对于电网来说是一个不可控电源,因此目前的国际规范和标准对分布式电源大多采取限制、隔离的方式来处理,以期减小其对电网的冲击。但是微电网中使用分布式电源,是通过微电网控制器将分布式电源变成受控源,因此微电网可作为可控电源接入主动配电网或智能电网。

1.2.3　微电网分类

微电网可以按照母线性质、接入方式、接入电压等级、用电规模等多种方式分类。

1. 按照母线性质划分

按照母线性质不同,微电网可以分为直流微电网、交流微电网、交直流混合微电网。

直流微电网结构如图 1-2 所示,其中风力发电、光伏发电是分布式电源的代表。在直流微电网结构中,分布式电源(输出变换为直流电)、储能装置、负载等连接至直流母线,直流母线再通过逆变器连接至外部交流电网。直流微电网通过电能变换装置(斩波器、逆变器)向不同电压等级的直流、交流负载提供电能,直流母线负荷的波动可以由储能装置调节。

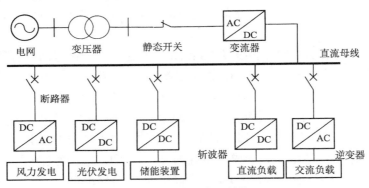

图 1-2　直流微电网结构

交流微电网结构如图 1-3 所示,光伏发电和储能装置通过逆变器与交流母线连接,风力发电通过变流器与交流母线连接。目前交流微电网仍然是微电网的主要形式,通过对并网点处静态开关的控制,微电网可以实现并网运行和离网运行的转换。

交直流混合微电网是既有交流母线又有直流母线的微电网。微电网既可以直接给交流负载供电又可以直接给直流负载供电,其结构如图 1-4 所示。

2. 按照接入方式划分

按照接入方式划分,微电网分为离网微电网(或独立微电网、孤岛微电网)和并网微电网。离网微电网常位于边远、无常规电网的地区,是以柴油发电机发电为主的独立运行的供配电网络;并网微电网是与常规电网相连的供配电网络。

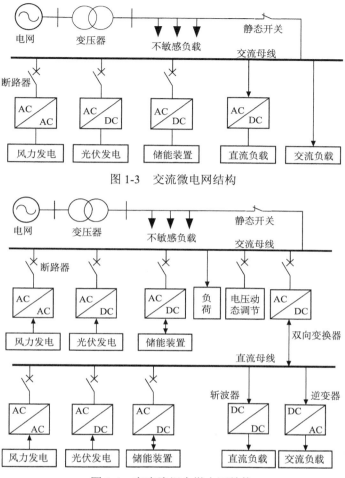

图 1-3　交流微电网结构

图 1-4　交直流混合微电网结构

3. 按照接入电压等级划分

微电网按照接入电压等级的不同划分为三个等级，即接入交流 380V/220V 电网的低压微电网、接入 6kV/10kV 馈线电网的中压微电网、接入高压配电变电站电网的高压微电网。高压微电网可以包含多个中压微电网，而中压微电网内可以包含多个低压微电网。

4. 其他分类

按照用电规模划分，常规电网可分为企业微电网和区域微电网。企业微电网供电给规模小的设施或机构，区域微电网为用电规模大的结构或区域供电。

　　微电网的结构较多，按照微电网结构特点分类，大体上可分为总线型结构、星型结构、环网结构。如低压总线型微电网、中压星型微电网，不同的拓扑结构决定着不同的控制策略和分布式电源的接入形式。

　　还可以按照微电网结构的复杂性分类，可以分为简单结构微电网和复杂结构微电网。简单结构微电网指分布式电源的类型和数量少，微电网的控制与运行比较简单。复杂结构微电网是指分布式电源的类型和数量多，微电网的控制与运行相对复杂。

1.2.4　微电网运行与控制模式

1. 运行模式

　　微电网是一个独立的可控的发电单元，运行模式有两种：与电网连在一起的并网运行模式、脱离电网的离网运行模式。

　　在微电网并网运行时，电网负责给微电网系统提供电压和频率支撑，微电网与电网是可以进行能量交换的，微电网既可以向电网输送电能，也可以从电网获取电能。

　　在微电网离网运行时，微电网与电网两者是不能进行能量交换的，电网不能为微电网提供电压和频率支撑。微电网要使逆变器输出的电压和频率稳定在一定范围内，同时保证关键性负载不间断供电，此时微电网作为一个独立系统，负责给区域内的所有负载供电。

2. 微电网控制方式

　　为了能在离网和并网两种模式下运行，微电网需要满足以下的控制要求：分布式电源的接入不影响当前微电网的正常工作，微电网能够实现无功功率和有功功率的独立解耦控制，微电网系统能够自主选择运行模式，并网运行时维持分布式电源与电网之间接口电压的稳定性，孤岛运行时控制分布式电源合理出力及保证负载供电的可靠性，微电网要保证切换过程的平滑性和稳定性。

　　根据微电网的控制方式不同，微电网可以分为三种：主从控制、对等控制及分层控制。

　　分布式电源类型很多，有基于柴油发电机的传统电源，也有基于储能系统的新型电源，还有基于新能源的电源。虽然电源类型不同，但都是通过变流器将分布式电源与微电网连接在一起的，所以变流器成为微电网系统中的关键装置，分布式电源发出的直流电需要通过逆变器变为交流电，交流电需要通过变压变频器后，才能满足用电标准。控制好微电网中的变流器成为微电网稳定运行的基本要求。

　　微电网中逆变器的控制，在不同的运行模式或不同的微电网控制方式下有不同的控制策略，归纳后主要控制策略有 P-Q 控制、U/f 控制以及下垂控制三种。

1.3　风光储微电网

　　以水力发电、火力发电、核动力发电构成的电站一直是电力的主要来源。而随着新能源和清洁能源的迅速发展，光伏发电、风力发电、生物质能发电成为热点。由于风力发电与光伏发电各自的气象特点，在日照好时，风力往往较小，而在阴雨天和夜间往往风力较大而光照弱，形成风光能量互相补充，使得风光互补发电的电能有较高的可靠性。为进一步提高风光互补发电的可靠性，加入蓄电池储能或柴油发电机应急发电，形成了典型的风光储微电网、风光柴储微电网。

1.3.1　风光储微电网的结构

　　当离网运行时，风光储微电网的控制方式常采用主从控制，其拓扑结构如图 1-5 所示，LC 为滤波器。在风光储微电网发电系统中，选择惯性能力较强的储能子系统作为主分布式电源，可以平抑发电系统功率的波动，为整个微电网系统提供电压和频率的支撑，保证系统能量平衡和安全稳定运行。风力发电子系统和光伏发电子系统作为从分布式电源，是能量的产生单元，为整个微电网系统提供高品质的电能。负载是微电网中的能量消耗单元，消耗微电网的能量。

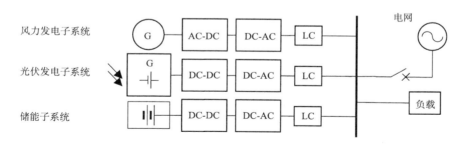

图 1-5　风光储微电网拓扑结构图

1.3.2　光伏发电

　　太阳能无枯竭危险、不受资源分布限制、不受地域限制，是理想的清洁能源。光伏发电对环境无不良影响，不产生任何废弃物、没有污染和噪声等公害。但光伏发电不足之处是：太阳照射的能量分布密度小、获得的能源与昼夜及阴晴等气象条件有关。

　　光伏发电是根据光生伏特效应原理，利用太阳电池（Photovoltaic Cell）将太阳光能直接转化为电能，光伏发电是目前太阳能发电的主要形式。光伏发电转换产生的电能可以存储、转换或直接利用，因此，光伏发电安全可靠，可以避免输电线路等电能损失。另外，光伏发电不用燃料、没有运动部件，不易损坏，运行成本低、维护简单，但造价比较高。

　　按照材料类型不同，太阳电池分为三类：单晶硅太阳电池、多晶硅太阳电池、非晶硅太阳电池。按照光伏发电系统是否联网，划分为离网光伏发电系统和并网光伏发电系统。典型的光伏发电系统结构图如图 1-6 所示。光伏所产生的电能为直流电，除特殊用电负载外，均需通过逆变器将直流电变换为交流电。

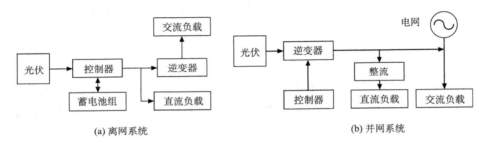

图 1-6　光伏发电系统结构图

1.3.3　风力发电

　　风能是绿色能源，来自空气的流动，而且风能取之不尽，用之不竭。对于缺水、缺燃料和交通不便的沿海岛屿、草原牧区、山区和高原地带，因地制宜地利用风力发电，非常适合。风力发电不需要使用燃料，也不会产生辐射或空气污染，具有明显的优点。风力发电的不足之处是：风能的能量分布密度小，获得的能源与气象条件有关，会产生一定的噪声。

　　风力发电就是利用风力机获取风能并转化为机械能，再利用发电机将机械能转化为电能的生产过程，其能量转换如图 1-7 所示。

图 1-7　风力发电机能量转换图

　　风力发电机是分布式风力发电的主要设备，有多种分类方法。如果按照主要构件划分，风力发电机有风力机、发电机两部分。如果按照风力机轴线与风向的关系划分，风力发电机分为两类：水平轴风力发电机(风力机的旋转轴与风向平行)、垂直轴风力发电机(风力机旋转轴垂直于地面或者气流方向)。将风力发电机按传动形式划分为直接驱动式和增速齿轮箱式风力发电机。按发电机转速变化划分为转速恒定不变的恒速恒频发电机、转速随风速变化的变速恒频发电机。

　　风力机是旋转机械，主要包括风轮、变桨机构、尾舵。只有小型风力发电机才会有尾舵，大型风力发电机基本上没有尾舵。风轮是把风的动能转变为机械能的部件，由两只(或多只)螺旋桨形的叶片、轮毂组成。当风吹向叶片时，叶片上产生气动力驱动风轮转动。由于风轮的转速比较低，而且风力的大小和方向经常发生变化，这使得风轮转速不稳定。所以，风力机在带动发电机之前，还需要加一个把转速提高到发电机额定转速的齿轮变速箱，再加一个调速机构使传递到发电机主轴的转速保持稳定。

　　发电机的作用是把由风力机通过齿轮箱传递给发电机的转动能量传送到发电机的转子，转子运转使发电机将机械能转变为电能，定子线圈输出电能。

　　铁塔是支撑风力机和发电机的支撑架，一般修建得比较高(铁塔高度视地面障碍物对风速影响的情况而确定)，为的是获得较大的和较均匀的风力，又要有足够的强度。

　　风力电站就是以风力发电机为核心的发电系统。按照风力发电机发出的电能是否接入电网分为离网风力发电系统和并网风力发电系统，图 1-8 是离网与并网风力发电系统的结构图。

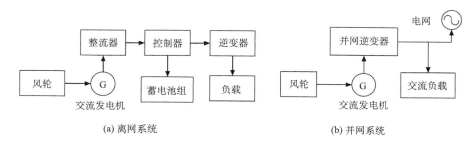

(a) 离网系统　　　　　　　　　　　　(b) 并网系统

图 1-8　风力发电系统的结构图

思　考　题

1. 什么是智能电网？我国坚强智能电网的主要特征、建设目标是什么？
2. 微电网中的变流器和静态开关各起什么作用？

3. 比较能源互联网、智能电网、主动配电网、微电网的异同。

4. 按照母线性质划分，微电网如何分类？每类微电网各有什么特点？

5. 微电网有哪几种运行方式和控制方式？

6. 风光储微电网有哪些主要设备？画出结构图。

7. 风光储微电网给负载供电时具有哪些优缺点？

第 2 章　光伏发电子系统

2.1　太阳电池与光伏阵列

2.1.1　太阳电池模型

太阳电池是通过半导体硅 PN 结吸收太阳光能而产生电动势。实用的光伏发电系统的功率一般达到千瓦级，而一块太阳电池的功率较小，一般只有几瓦，因此需要通过串联和并联的方式集成太阳电池，形成光伏组件(PV Module)和光伏阵列(PV Array)，从而满足实际负载功率的需求。

光照时的太阳电池电路原理图和等效电路图如图 2-1 所示，R_s 为串联等效电阻，R_{sh} 为并联等效电阻。R_s 主要由太阳电池的体电阻、表面电阻、电极导体电阻和电极与硅表面的接触电阻所组成，R_{sh} 主要由硅片的边缘不清洁或体内的缺陷引起的电阻组成。

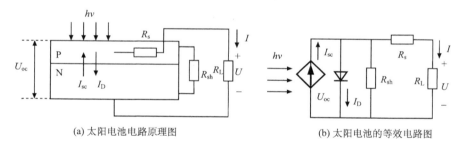

(a) 太阳电池电路原理图　　　　　　　(b) 太阳电池的等效电路图

图 2-1　光照时的太阳电池电路图

用 U 表示太阳电池的输出电压，I 表示太阳电池的输出电流，I_{ph} 为光生电流，I_{sc} 为太阳电池的短路电流，I_D 和 I_0 分别为 PN 结的正向电流和 PN 结的漏电流。则 I 的大小主要取决于光照强度。太阳电池的伏安特性(I-V 特性)表示为

$$I = I_{ph} - I_0\left(\exp\frac{q(U+R_sI)}{nKT} - 1\right) - \frac{U+R_sI}{R_{sh}} \tag{2-1}$$

式中，T 为电池温度(热力学温度)；q 为电子的电荷量(1.6×10^{-19}C)；K 为玻尔兹曼常量(1.38×10^{-23} J/K)。PN 结正向电流 I_D 的方向与光生电流相反，其中太阳电池的面积大小、环境温度和光照强度的变化都会影响太阳电池输出电流的大小。

光伏组件是由多片太阳电池串并联组成的，如果将光伏组件的接线盒输出端与太阳电池的引线电极相对应，那么，光伏组件的等效电路与太阳电池的等效电路是相同的。光伏组件的串联等效电阻除了太阳电池本身的串联等效电阻，还有组件时产生的引线电阻、引线接触电阻等。光伏组件的并联等效电阻除了太阳电池本身的并联等效电阻，还有组件时产生的电池片之间的泄放并联等效电阻、接线盒端产生的旁路电阻等。

光伏组件连接负载 R_L，负载电阻中便有电流流过，该电流为光伏组件的工作电流（或输出电流）I。负载两端的电压称为光伏组件的工作电压（或输出电压）U，则太阳电池的输出功率 $P=UI$。当负载开路时，光伏组件的工作电压为开路电压 U_{oc}；当负载短路时，负载电流为短路电流 I_{sc}。在光伏组件开路和短路两种情况下，其输出功率都是 0。

光伏组件的工作电压 U 和工作电流 I 是随负载电阻的变化而变化的，将不同阻值所对应的工作电压和工作电流值绘成曲线，得到光伏组件的 I-V 特性（伏安特性）曲线和 P-V 特性曲线，也称为光伏组件的输出特性。

如果选择的负载电阻值能使输出电压和电流的乘积最大，可获得光伏组件最大输出功率 P_m。此时的工作电压和工作电流称为最佳工作电压（或最大工作电压、最大功率点电压）U_m 和最佳工作电流（或最大工作电流、最大功率点电流）I_m，则 $P_m = U_m \cdot I_m$。以输出电压 U 为横轴，以输出电流 I 或输出功率 P 为纵轴，绘出组件的 I-V 特性和 P-V 特性曲线，如图 2-2 所示。

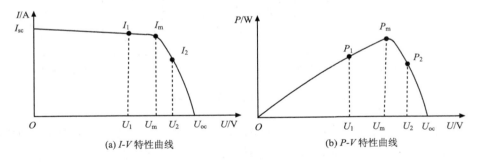

(a) I-V 特性曲线　　　　　　　　　　(b) P-V 特性曲线

图 2-2　光伏组件的输出特性曲线

2.1.2　光伏阵列

通过光伏组件的串联、并联、串并联混合三种连接方式，构成光伏组串或光伏阵列。光伏组串或光伏阵列通常还有防反充（防逆流）二极管、旁路二极管。光伏发电系统用电缆将光伏组件、逆变器、开关等进行电气连接。

　　光伏组串是多个光伏组件串联形成的连接形式，而光伏阵列通常由多个光伏组串并联形成。设 N_s 为光伏组件串联数，N_p 为光伏组串并联数，T 为光伏组件的工作温度（℃）。考虑温度的影响，串联光伏组件在低温时的开路电压要小于逆变器可以接受的最高直流输入电压：

$$N_s U_{oc}(1 + \beta(T - 25)) < U_{DCmax} \tag{2-2}$$

式中，U_{oc} 为光伏组件的开路电压（V）；U_{DCmax} 为逆变器的最高直流输入电压（V）；β 为电压温度系数（V/℃）。

　　光伏组串并联电流与逆变器电流的匹配关系为

$$N_p I_{sc}(1 + \alpha(T - 25)) < I_{DCmax} \tag{2-3}$$

式中，I_{sc} 为光伏组件的短路电流（A）；I_{DCmax} 为并网逆变器的最大输入电流（A）；α 为电流温度系数（A/℃）。并网逆变器的最大直流输入电流 I_{DCmax} 可由额定功率和最小输入直流电压确定。

　　由式（2-1）可得出，组串式光伏阵列的 I-V 特性为

$$I = N_p I_{ph} - N_p I_0\left(\exp\left(\frac{q}{nKT}\left(\frac{U}{N_s} + \frac{R_s I}{N_p}\right)\right) - 1\right) - \frac{N_p}{R_{sh}}\left(\frac{U}{N_s} + \frac{R_s I}{N_p}\right) \tag{2-4}$$

　　在实际的工程应用中，可以根据光伏组件的参数、太阳辐射、光伏组件的实际温度推出现场光伏组件的 I-V 特性。

　　光伏组件的常用参数是在标准测试条件下获得的，测试条件为：大气质量为 AM1.5，光照强度 $R_0 = 1000\text{W/m}^2$，光伏组件温度为 25℃。常用的光伏组件参数有短路电流 I_{sc}、开路电压 U_{oc}、最大工作电流 I_m、最大工作电压 U_m。由于 $R_{sh} \gg R_s$、$R_s \gg R_D$，R_D 为 PN 结二级管正向导通电阻，二极管漏电流 I_0 很小，则 $I_{ph} \approx I_{sc}$。

　　令 $C_1 I_{sc} = I_0$，$C_2 U_{oc} = \dfrac{nKT}{q}$，则式（2-1）简化为

$$I \approx I_{sc} - C_1 I_{sc} \exp\frac{U}{C_2 U_{oc}} \tag{2-5}$$

式中，C_1、C_2 为系数：

$$\begin{cases} C_1 = \left(1 - \dfrac{I_m}{I_{sc}}\right)\exp\left(-\dfrac{U_m}{C_2 U_{oc}}\right) \\ C_2 = \left(\dfrac{U_m}{U_{oc}} - 1\right)\bigg/ \ln\left(1 - \dfrac{I_m}{I_{sc}}\right) \end{cases} \tag{2-6}$$

　　当考虑太阳辐射和温度变化的影响时，光伏组件的 I-V 特性方程为

$$I = I_{\text{sc}} - I_{\text{sc}}C_1\left(\exp\left(\frac{U - \Delta U}{C_2 U_{\text{oc}}}\right) - 1\right) + \Delta I \tag{2-7}$$

其中

$$\begin{cases} \Delta U = -\beta\Delta T - R_{\text{s}}\Delta I \\ \Delta I = \alpha\dfrac{R}{R_{\text{ref}}}\Delta T + \left(\dfrac{R}{R_{\text{ref}}} - 1\right)I_{\text{sc}} \\ \Delta T = T_{\text{c}} - T_{\text{ref}} \end{cases} \tag{2-8}$$

式中，R_{ref} 为太阳辐射强度参考值（W/m^2）；T_{ref} 为光伏组件温度参考值（℃）；α、β 分别为电流温度系数和电压温度系数；R_{s} 为光伏组件的串联等效电阻（Ω）；T_{c} 为光伏组件实际温度（℃）；R 为太阳辐射强度（W/m^2）。R_{ref} 一般取 1000W/m^2，T_{ref} 一般取 25℃。

任意太阳辐射强度 R，在一定环境温度 T_{a} 条件下，光伏组件温度 T_{c} 为

$$T_{\text{c}} = T_{\text{a}} + t_{\text{c}}R \tag{2-9}$$

式中，t_{c} 为温度参数，通常取 0.03。

2.1.3　光伏阵列排布

光伏阵列排布需要注意以下几点。

(1) 光伏阵列的法线方向在地面的投影与正南方向的夹角为方位角，光伏阵列朝向正南时，光伏阵列发电量最大。

(2) 光伏阵列的最佳倾斜角度是根据安装地确定的，可以按照光伏阵列一年所发电量为最大而获得最佳倾斜角度。

(3) 光伏阵列与光伏阵列之间有一定的间距，要求冬至日上午9:00至下午3:00之间前排阵列不能对后排阵列产生遮挡。

(4) 根据地形地貌、发电量要求等，选择适当的光伏阵列安装方式。光伏阵列安装方式按照是否可以改变安装倾角，分为固定式、调节式、跟踪式三种，可以选择其中一种安装方式。

(5) 防止热斑效应发生。在光伏组件或光伏阵列中，如果发生太阳电池有阴影或某太阳电池被损坏的情况，此太阳电池将成为负载，由未被遮挡的太阳电池提供负载所需的功率，从而该太阳电池消耗功率而导致发热。太阳电池出现高温，称为"热斑"。为防止热斑现象的发生，要在光伏阵列中有预防热斑的措施。在光伏组件内部，即太阳电池的串联回路中，在若干个太阳电池旁反并联一个旁路二极管，或者在光伏组件的正负极输出端之间反并联一个旁路二极管；在光伏组件并联的支路中，需要在光伏组件输出端串联一个阻塞二极管，防止电流倒流。

2.2 最大功率点跟踪

2.2.1 最大功率点跟踪原理

太阳电池的输出功率与其所受的日照强度、环境温度有密切的关系。在不同外部环境情况下,太阳电池的输出功率会有较大的变化。光照强度和温度变动都会导致太阳电池的最大功率点变动,采用电路控制的方法,实时地调整太阳电池的工作点,使太阳电池始终工作在最大功率点附近,称为最大功率点跟踪(Maximum Power Point Tracing,MPPT)。太阳电池、光伏组件、光伏阵列的最大功率点跟踪原理相同,只是最大功率点数值大小不同。

由图 2-2(b)太阳电池的输出 P-V 特性曲线可知,当太阳电池的工作电压位于最大输出电压 U_m 左侧时,其输出功率随太阳电池工作电压的上升而增大;当太阳电池的工作电压位于最大输出电压 U_m 右侧时,其输出功率随工作电压的上升而减小。

可以通过调节太阳电池的输出电压达到光伏电池最大输出电压,来实现太阳电池的最大功率输出,图 2-3 为最大功率点跟踪电路原理图。在太阳电池与负载之间插入 DC-DC 变流器,调节 DC-DC 变流器电路中功率开关器件的占空比,可以实现太阳电池外接负载大小的变化,保持外接负载大小与太阳电池的等效内阻相等,此时即可使外接负载获得最大功率,

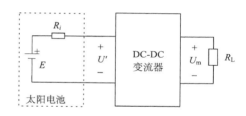

图 2-3 最大功率点跟踪电路原理图

实现对太阳电池最大功率点的跟踪。此时,负载电阻 R_L 上的电压为 U_m。

最大功率点跟踪的控制方法有多种,比较传统的有恒压跟踪(Constant Voltage Tracing,CVT)法、扰动观测(Perturbation and Observation,P&O)法、电导增量(Incremental Conductance,IC)法。

2.2.2 恒压跟踪法

恒压跟踪法是在一定温度变化情况下,将太阳电池的输出电压用某一恒定电压进行等效代替,常采用开路电压比率法设置。

最大输出电压和开路电压有近似线性关系:

$$U_m = \alpha U_{oc} \tag{2-10}$$

系数 α 的取值一般为 0.7~0.8。

与采用开路电压比率法相对应，实现恒定电流跟踪的方法是短路电流比率跟踪法。

恒压跟踪法的优点：控制简单、制作便宜、应用简单。恒压跟踪法的缺点：输出电压是计算设定值而非即时追踪值，追踪效率较低、有能量损失。为克服恒压跟踪法的缺点，通常采取附加温度测量，用温度值进行适当的跟踪电压补偿，可以改善恒压跟踪法最大功率跟踪效果。

2.2.3　扰动观测法

扰动观测法是常用的一种最大功率跟踪方法。扰动观测法的工作原理：首先使太阳电池工作在某一参考电压下，检测其输出功率，然后在该参考电压基础上加一个正向电压扰动量，使太阳电池重新工作在加扰动后的电压下，再次检测太阳电池的输出功率。根据功率变化方向，改变输出电压，直到输出功率的变化稳定在设定的一个很小值范围内，即可认为达到了最大功率点。图 2-4 为扰动观测法最大功率点跟踪原理图。

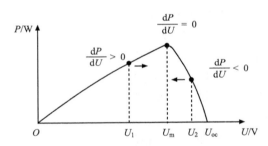

图 2-4　扰动观测法最大功率点跟踪原理图

根据 $P=UI$ 可以计算出太阳电池的输出功率，同时对太阳电池输出的端口电压不断地进行扰动，此时不同的扰动会对应不同的输出功率。

如果 $\dfrac{\mathrm{d}P}{\mathrm{d}U}<0$，输出电压大于最大输出电压 U_{m}，即功率输出点在最大功率点右侧。

如果 $\dfrac{\mathrm{d}P}{\mathrm{d}U}=0$，输出电压等于最大输出电压 U_{m}，即功率输出点在最大功率点。

如果 $\dfrac{\mathrm{d}P}{\mathrm{d}U}>0$，输出电压小于最大输出电压 U_{m}，即功率输出点在最大功率点左侧。

如果扰动后的太阳电池相应的输出功率大于扰动前太阳电池相应的输出功率，则说明太阳电池的输出功率有所提高，此时需要继续向相同方向添加扰动；

相反地，则说明太阳电池的输出功率有所下降，此时需要向相反方向添加扰动。相应的控制流程图如图 2-5 所示，ΔU 为扰动法的步长。

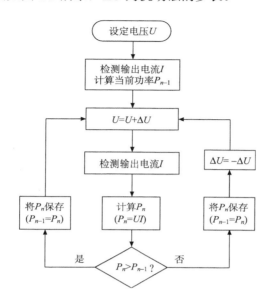

图 2-5　扰动观测法的控制流程图

在实际计算时，输出电压往往采用固定步长运算和动态步长运算两种方法。采用固定步长运算时，对最大功率点的跟踪始终采用相同的步长，步长的大小直接影响运算速度的快慢，步长太大会减小稳定状态的精度，步长太小会减慢稳定状态的跟踪速度，故而在实际追踪过程中采用折中的做法，步长的选取不能太大也不能太小。输出电压采用变长步长运算时，步长会随着跟踪过程的发展而变化，一旦太阳电池的扰动输出功率非常接近最大功率点，就减小扰动步长，这样做的好处是不仅提高了追踪速度，同时能够使功率跟踪趋于稳定状态。

扰动观测法的优点是控制实现简单、传感器精度要求不高、跟踪速度相对较快、对误判断修正能力较强，但该方法的不良影响是有误判和功率损失。

2.2.4　电导增量法

电导增量法的控制思想与扰动观测法类似，也是利用 $\dfrac{\mathrm{d}P}{\mathrm{d}U}$ 的方向进行最大功率点跟踪控制，只是最大功率点的判断方法有所不同，电导增量法是通过比较太阳电池的电导增量和瞬间电导来判断的。

太阳电池的 P-V 输出曲线是单峰曲线，在最大功率点处，太阳电池输出功率

P 对输出电压 U 求导等于 0。

可得

$$\frac{I}{U} + \frac{\mathrm{d}I}{\mathrm{d}U} = G + \mathrm{d}G = 0 \qquad (2\text{-}11)$$

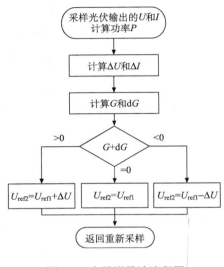

图 2-6 电导增量法流程图

式中，G 为输出特性曲线上一点的电导；$\mathrm{d}G$ 为电导 G 的增量。增量 $\mathrm{d}U$ 和 $\mathrm{d}I$ 可以分别用 ΔU 和 ΔI 来近似代替，相应的流程图如图 2-6 所示。

电导增量法的优点：①能够快速准确地使系统工作在最大功率点，不会像干扰观测法那样在最大功率点附近反复振荡，并且当外界光照等条件剧烈变化时，电导增量法也能很好地快速进行跟踪；②太阳电池电压摆动较扰动观测法小，控制精确；③响应速度快。

电导增量法的缺点：①对功率为单峰的光伏函数有效，对有阴影效应的光伏阵列无效，因为有阴影效应的光伏阵列会出现功率多峰值；②需要反复进行微分运算，系统的计算量较大；③对传感器精度要求高，否则会出现误判断的情况。

2.3 发电子系统设备

一次系统(一次回路)是电力系统中担负能量生产、变换、分配、传输和消耗的电气系统。一次系统中的所有电气设备，称为一次设备。按设备的功能不同将一次设备分为电力变换设备、通断设备、保护设备、无功补偿设备以及光伏发电系统的专用设备等。

二次系统(二次回路)是对一次系统进行监视、控制、调节、测量和起保护作用的所有电气系统，主要设备有主控设备、数据采集设备、通信设备、继电保护设备等。

2.3.1 光伏发电系统专用设备

1. 光伏控制器

光伏控制器能控制电能的流动方向，常用于离网光伏发电系统。蓄电池的过充电保护、过放电保护是光伏控制器的基本功能。使用端电压法进行过充电、过放电阈值判断是实现光伏控制器一种简单有效、使用广泛的方法。

常用的光伏控制器有智能型光伏控制器、最大功率点跟踪型光伏控制器，另外还有一些特殊要求型光伏控制器。

1）智能型

智能型光伏控制器通常采用微控制器（Micro Controller Unit，MCU）对光伏发电系统的运行参数进行高速实时采集，并按照一定的控制规律由微控制器内设计的程序控制单路或多路光伏组件切断与接通。可以使用瞬态电压抑制器（Transient Voltage Suppressor，TVS）、压敏电阻等，实现输入电压限压保护。智能型控制器除了具有过充电、过放电保护功能，还可以有短路、过载、防反接保护和检测蓄电池荷电量等功能。

2）最大功率点跟踪型

最大功率点跟踪型光伏控制器的作用是使光伏阵列的输出功率达到最大。实现 MPPT 的电路，通常采用 DC-DC 变换电路来完成。若光伏阵列不在最大功率点运行，则调整脉冲宽度、改变电力开关器件的占空比，使控制器中 MPPT 电路的输出电压达到最佳输出电压。

DC-DC 变换电路一般有 Buck、Boost、Buck-Boost、Cuk 电路等可以选择，为保证光伏阵列的发电效率，一般选择 Boost 电路来实现 MPPT。Boost 电路的优势是输入纹波电流小，输出效率比较高，成本低。只要电感足够大，工作在 CCM（电流连续模式），电容可以很小。但是使用 Boost 电路的缺点是，电路的最佳工作点在占空比 50%左右，输出电压无法降到输入电压之下。

3）特殊要求型

对光伏控制器有特殊要求时，称为特殊要求型光伏控制器。如追日控制器可以保持光伏阵列随时正对太阳，风光互补控制器将风能和太阳能所发的电能合并，逆控一体机同时实现逆变和控制的功能。

2. 光伏汇流箱

光伏汇流箱可以输入多路光伏组串或光伏阵列，将光伏组串或光伏阵列的直流电流汇流。光伏汇流箱还可以提供防雷及过流保护、组串电流电压检测以及断路器的状态检测。

为了提高光伏发电系统的可靠性和实用性，一般都会在光伏汇流箱里配置防雷器。当雷击发生时，防雷器能将过大的电能泄放掉，从而避免对光伏系统带来损害。带有监控的汇流箱里安装有检测单元。检测单元实现对电流、电压、报警等信息的采集，并上传到上位机，实现对光伏组串和汇流箱中断路器的实时监控。

典型的光伏汇流箱结构图如图 2-7 所示。

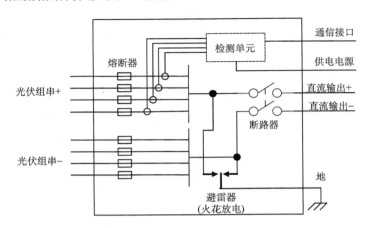

图 2-7　光伏汇流箱结构图

如果并网光伏发电系统由"光伏组串+逆变器"或"光伏组件+微逆变器"方式并网，则可以不用光伏汇流箱。

2.3.2　电力变换设备

电力变换设备的基本工作原理是利用电磁感应现象实现一个电压等级的交流电能变换为另一个电压等级的交流电能。电力变换设备按用途分类，可以分为电力变压器(Power Transformer)、互感器(Transformer)、信号变压器、普通变压器等。信号变压器、普通变压器的功率和体积小，工作原理同电力变压器，主要用于信号或小功率电能变换。

1. 电力变压器

电力变压器又有升压变压器、降压变压器、联络变压器、配电变压器等几个分支。将微电网交流母线的电压升至电网的中高电压，或者微电网交流母线与低压电网电压匹配，需要用电力变压器。

在风力发电机的输出口需要装设电力变压器，风力发电机输出电压为690V，接入中压电网时电力变压器将输出电压提升至中高压电网的电压(10kV 或 35kV)，接入低压电网时电力变压器将输出电压降低至低压电网的电压(220V 或 380V)。风力发电机输出口的电力变压器一般归属于风力发电机，需要将电能汇集后送给交流母线。

电力变压器原理图如图 2-8 所示，分成电路和磁路两部分。电力变压器核心部件是铁心和绕组，电路部分由绕组构成，磁路部分由铁心构成。

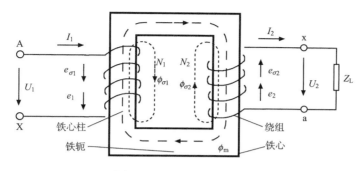

图 2-8　电力变压器原理图

　　铁心由铁心柱和铁轭两部分组成，铁心柱用来套装绕组，铁轭将铁心柱连接起来。缠绕于铁心上的绕组构成电路与电源相连的一侧为一次绕组，与负载相连的一侧为二次绕组。一次绕组和二次绕组一般没有电气上的连接，而是通过铁心中的磁场建立联系。

　　电力变压器的电路部分，用纸包或纱包的绝缘扁铜线或圆铜线绕成。一次绕组和二次绕组具有不同的匝数，导致一次绕组和二次绕组的电压和电流不同，其中电压较高的绕组称为高压绕组，电压较低的绕组称为低压绕组。

　　变压器绕组有同心式和交叠式两种形式。基本上，电力变压器绕组都采用同心绕组结构。同心绕组就是在铁心柱的任一横断面上，绕组都是以同一圆筒形圈套在铁心柱的外面。一般将低压绕组靠近铁心柱布置，将高压绕组放在外面。高压绕组与低压绕组之间，以及低压绕组与铁心柱之间都必须留有一定的绝缘间隙和散热通道（油道），并用绝缘纸板筒隔开。高压绕组的导线截面积比低压绕组的导线截面积小得多，但高压绕组的匝数却可能是低压绕组匝数的很多倍。

　　对于理想变压器，有漏磁通 $\phi_{\sigma 1}=\phi_{\sigma 2}=0$，则变压器的磁通 $\phi=\phi_{\mathrm{m}}$，ϕ_{m} 为主磁通。磁通 ϕ、感应电压（e_1、e_2）、电流（I_1、I_2）和绕组匝数（N_1、N_2）之间有如下关系：

$$\begin{cases} e_1 = -N_1 \dfrac{\mathrm{d}\phi}{\mathrm{d}t} \\[2mm] e_2 = -N_2 \dfrac{\mathrm{d}\phi}{\mathrm{d}t} \end{cases} \tag{2-12}$$

$$\frac{e_1}{e_2} = \frac{N_1}{N_2} \tag{2-13}$$

$$I_1 N_1 = I_2 N_2 \tag{2-14}$$

2. 互感器

互感器的工作原理、连接方法、等效电路与电力变压器相同，互感器分为电压互感器(Potential Transformer，PT 或 Voltage Transformer，VT)和电流互感器(Current Transformer，CT)。

1) 电压互感器

电压互感器是高电压测量的器件，主要用于传输信号。与电力变压器相比，电压互感器容量小，通常只有几十到几百伏安。常用的电压互感器又分为电磁式电压互感器和电容式电压互感器。

电磁式电压互感器与电力变压器的不同点是，电磁式电压互感器的容量很小且比较恒定，在正常运行时接近于空载状态。因为电压互感器本身的阻抗很小，如果二次侧发生短路，那么电流将急剧增长而烧毁线圈，所以电压互感器的一次侧接有熔断器，二次侧线圈要可靠接地，以免一、二次侧线圈绝缘损毁时，二次侧出现对地高电位而造成人身和设备事故。

电容式电压互感器是在电容分压器的基础上制成的。将若干个相同的电容串联分压，每一个电容上的电压正比于一次侧电压。电容式电压互感器在实际构成时，常常是在电容两端并联一个带电抗的电磁式电压互感器，组成电容分压式电压互感器。

2) 电流互感器

电流互感器是用于电网电流测量的器件。常用电磁式电流互感器将传感器直接套装在绝缘的套管上或套装在母线上。

二次侧线圈电流与一次侧电流成正比、与一、二次线圈匝数比成正比。一次绕组的匝数很少，二次绕组匝数很多，所以电流互感器可实现大电流变小电流。

当电流互感器工作时一定要注意，电流互感器的二次回路必须接有负载或直接短路，而且要连接可靠。如果二次侧开路，会产生不良后果：电流互感器的铁心高度饱和，将在铁心中产生较大的剩磁，长时间工作可能造成铁心过热，电流互感器的二次绕组出现高电压，将危及人身及设备安全。

2.3.3　通断设备

1. 断路器

断路器不仅能通断正常负荷电流，而且能通断一定的短路电流，并能在保护装置的作用下自动跳闸，切除短路故障。在结构上，断路器具有相当完善的灭弧结构。断路器分为高压断路器、低压断路器。常用的高压断路器有真空断路器、六氟化硫(SF$_6$)断路器等。

1)真空断路器

真空断路器的结构与其他断路器大致相同，主要由操作机构、支撑用的绝缘子和灭弧室组成。

真空断路器的灭弧室安装在绝缘支柱上，或安装在与地电位相连的金属罐体内。操作机构是指能完成断路器合闸、保持合闸位置和跳闸的设备，操作机构包括合闸机构、跳闸机构和维持机构三部分。

真空断路器具有体积小、重量轻、动作快、寿命长、操作噪声小、安全可靠、便于维护的优点，缺点是价格较贵。

2)SF$_6$断路器

SF$_6$断路器的灭弧室中使用了 SF$_6$。SF$_6$是一种惰性气体，无色无味，在密闭房间中使用或维护这种断路器，要注意人员的安全问题。

SF$_6$断路器的特点：断流能力强、灭弧速度快、电绝缘性能好、检修周期长、没有燃烧爆炸等危险；但 SF$_6$断路器要求加工精度高、密封性能好，而且价格较昂贵。

3)低压断路器

低压断路器(又称为低压自动开关或空气开关)，既能带负荷通断电路，又能在线路发生短路、过负荷、低电压(或失压)等故障时自动跳闸。

低压断路器一般内部具有过流脱扣器、欠压脱扣器和热脱扣器。过流脱扣器用于线路短路或过流保护，失压(欠压)脱扣器用于线路的失压或欠压保护，热脱扣器用于线路或设备的长时间过热保护。有的断路器还有分励脱扣器，用于远距离跳闸。低压断路器的图形符号和其他几个常用的电气设备符号见图2-9。

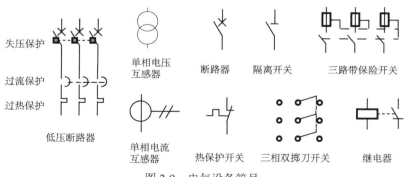

图 2-9　电气设备符号

另外，无外壳的低压断路器又称万能式或框架式自动开关，其全部机构和导电部分敞开地装设在塑料或金属框架上。无外壳的低压断路器的保护方案和操作方式较多，具有装设和使用灵活的特点。无外壳的低压断路器的合闸操作方式包括手柄操作、杠杆操作、电磁铁操作和电动机操作。无外壳的低压断路器采用了钢灭弧栅，使得灭弧断流能力较强，但这种断路器触点动作稍慢，是其不足之处。

4) 自动重合闸断路器

自动重合闸断路器是一种自动装置，可以将因为故障跳开后的断路器按需自动投入。在电力系统的故障中，大多数是"瞬时性"的故障。在电力线路被继电保护迅速断开后，如果把断开的断路器再合上，就能够恢复正常的供电，称这类故障是"瞬时性故障"。除此之外，也有"永久性故障"，在线路被断开以后故障仍然存在，即使这时再合上断路器，由于故障依然存在，电力线路还要被继电保护再次断开，因而就不能恢复正常的供电。

自动重合闸断路器，在线路被断开以后再进行一次合闸就有可能大大地提高供电的可靠性。为此在电力系统中广泛采用了当断路器跳闸以后能够自动地将断路器重新合闸的自动重合闸装置。

自动重合闸装置分三相一次重合闸、二次重合闸和三次重合闸三种形式，在35kV 及以下的供电系统的架空线路上，大都采用三相一次重合闸装置。

2. 开关

除在 1.2 节中讲述的静态开关，还有以下与微电网相关的一些开关。

1) 高压隔离开关

隔离开关，或称为刀闸，特点是没有灭弧装置。

隔离开关断开后在电路中可以造成一个明显可见的断开点，建立可靠的绝缘间隙，保证检修人员的安全，通常断路器和隔离开关组合使用。

高压隔离开关和断路器的倒闸操作的顺序是：在合闸时，先合上隔离开关，后合上断路器；在跳闸时，先断开断路器，后断开隔离开关。

高压隔离开关可以接通或断开小负荷电流，可以接通或断开电流较小的回路，如电压互感器、避雷器、空载母线、空载变压器、空载线路等。

2) 高压负荷开关

高压负荷开关使线路具有明显的断开点，有隔离开关的作用。在结构上有简单的灭弧装置，使其可以接通或断开正常的负荷电流，但不能切断短路电流，多与高压熔断器配合使用。

3) 低压刀开关

低压刀开关有不带灭弧罩和带灭弧罩两种。不带灭弧罩的刀开关只能在无负荷下操作，可作为低压隔离开关使用，带灭弧罩的刀开关能通断一定的负荷电流。

2.3.4　保护设备

1. 防雷设备

防雷设备有避雷针、避雷线、避雷带、避雷网、避雷器。

避雷针的作用实质上是引雷作用，避雷针将雷电引到自己身上来，避免了在避雷针保护范围内的其他物体遭受雷击。避雷线主要用来保护架空线路。避雷带和避雷网主要用来保护被保护设备免遭直击雷和感应雷侵害。避雷器用来防止雷电产生过电压波沿线路侵入电站或其他设备内，从而使被保护设备的绝缘免受过电压的破坏。

微电网系统中使用避雷器是非常必要的，安装避雷器成为一项应用广泛和有效的防雷措施。如避雷器与被保护物并联或装在被保护物的电源侧，防止雷电过电压和防止雷电产生的感应电压。

避雷器种类较多，根据避雷器的工作原理可以将避雷器分为以下几类。

1) 保护间隙

保护间隙或称为角型避雷器，是最简单的一种避雷器，由两个圆钢型电极组成，其中一个电极接线路，另一个电极接地，主要用于室外且负载不重要的线路上。保护间隙由主间隙和辅助间隙串联而成，辅助间隙的作用是防止主间隙被外物短路而误动作。主间隙的两个电极做成角形，是为了使工频电弧在自身电储能和热气流作用下易于上升被拉长而自行熄灭。

2) 管型避雷器

管型避雷器或称为排气式避雷器，由两个间隙 S1 和 S2 串联组成。间隙 S1 装在产气管内，称为内间隙，间隙 S2 装在产气管外，称为外间隙。外间隙的作用是使产气管在正常运行时与工频电压隔离。产气管用纤维、塑料或橡胶等在电弧高温下易于气化的有机材料制成。当雷电冲击波入侵时，间隙 S1 与 S2 均被击穿，使雷电流泻入大地，冲击电流消失后，在工频续流电弧的高温作用下，产气管内分解出大量气体，形成数十甚至上百个标准大气压，高压气体从环形电极孔急速喷出，使工频电弧熄灭。

3) 阀型避雷器

阀型避雷器由火花间隙和阀片组成。阀型避雷器像一个阀门，有雷电电流时，阀门打开使其泄入大地。

4) 金属氧化物避雷器

金属氧化物避雷器是由电压敏感类材料制作的避雷器。金属氧化物避雷器没有火花间隙，只有压敏电阻片(以氧化锌为主要材料)，具有良好的非线性特性，可以对雷电过电压起到很好的保护作用。金属氧化物避雷器的优点是通断容量大、残压低、动作迅速、可靠性高、维护简单,常在印刷电路板上使用。

2. 逆功率保护器

光伏发电系统的不可逆并网方式,是指光伏发电系统在负载消耗后出现多余的电量,多余电量不允许向上级电网逆向送电。当检测到逆向电流超过光伏发电系统额定输出功率的5%时,应在0.5～2s内停止光伏发电系统向电网送电。不可逆并网的光伏发电系统需要配置逆功率保护器(或称为防逆流控制器),通过实时检测交流端低压侧电网的电流方向信号来调节发电系统的发电功率。

逆功率保护器的基本原理:依靠交流电流互感器采集并网电流的方向信号,反馈到内部的微控制器,判断电流方向,控制接触器线圈通电或断电,使接触器的触点动作接通或断开。

逆功率保护器一旦检测到并网点处有逆功率,就发送信号给接触器,接触器自动断开,光伏发电系统中的逆变器因为与电网断开后将停止工作,同时防逆流柜内的时间继电器开始计时。如果在设置时间结束后防逆流控制器检测到电网侧仍有逆流,则接触器保持断开;如果检测到没有逆流,则接触器自动吸合,逆变器与电网连接。

对于风力发电系统中发电机的功率方向,应该是从发电机流向交流母线。但是当发电机失磁或其他某种原因,发电机有可能变为电动机运行,即从系统中吸取有功功率,出现逆功率流动。当逆功率达到一定值时,发电机的逆功率保护器工作,发出保护信号或产生跳闸动作,使发动机与电网断开。

2.3.5　无功补偿设备

无功补偿设备的作用:①提高供用电系统及负载的功率因数,降低设备容量,减少功率损耗;②稳定受电端及电网的电压,提高供电质量;③在三相负载不平衡的场合,通过适当的无功补偿可以平衡三相有功及无功负载。

根据无功补偿设备的三个发展过程,可以将无功补偿设备分成三类:电抗器和电容器、静止无功补偿装置、静止无功发生器。

1. 电抗器和电容器

1)电抗器

在微电网中,电抗器可以串联在线路中也可以并联在线路中。串联电抗器(或限流电抗器),主要用于限制系统的短路电流,线路稳流使母线电压维持在一定水平。并联电抗器(或补偿电抗器),用于补偿系统的电容电流,防止线路端电压升高，使线路的传输能力和效率都有所提高、使系统的内部过电压有所降低。

2）电容器

在微电网中，无功补偿设备更多地使用电容器，也称移相电容器、补偿电容器。

在电力变电和配电网中，通常采取高压集中的方式，而将补偿电容器接在变电和配电网的低压母线上，补偿低压母线侧的所有线路及变压器上的无功功率。使用时补偿电容器往往与有载调压变压器配合使用，以提高电力系统的电能质量。

电容器装置主要由断路器、隔离开关、电流互感器、继电保护装置、测量和指示仪表、串联电抗器、放电线圈、氧化锌避雷器、接地隔离开关、保护用熔断器、连接母线和钢构架等组成。

为防止带负荷合闸及防止人身触电伤亡事故，电容器必须加装放电装置。放电装置的放电特性应满足下列要求：手动投切的电容器放电装置，应使电容器三相及中性点的剩余电压在 5min 内自额定电压(峰值)降至 50V 以下；自动投切的电容器放电装置，应使电容器三相及中性点的剩余电压在 5s 内自电容器额定电压(峰值)降至 0.1 倍电容器额定电压及以下。

2. 静止无功补偿装置

静止无功补偿装置(Static Var Compensator，SVC)是指构成这种装置的主要元件(电容器、电抗器、晶闸管阀等)是“静止”的(相对于调相机之类的旋转设备而言)，但其功能是动态无功功率补偿。静止无功补偿装置主要有：晶闸管控制电抗器(Thyristor Controlled Reactor，TCR)、晶闸管投切电容器(Thyristor Switched Capacitor，TSC)。

1）晶闸管控制电抗器

图 2-10 是 TCR 补偿装置原理图，通过改变晶闸管的触发延迟角 α，可以改变流过电抗器电流的大小，达到连续调整电抗器的基波无功功率的目的。

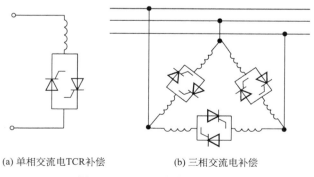

(a) 单相交流电TCR补偿　　　　(b) 三相交流电补偿

图 2-10　TCR 补偿装置原理图

在图 2-10(a)中，TCR 中晶闸管阀的触发延迟角 α 的有效范围在 $90°\sim180°$。当 $\alpha=90°$ 时，晶闸管完全导通，其吸收的基波电流和无功功率最大。当 α 在 $90°\sim180°$ 时，晶闸管为部分区间导通，减少了其吸收的无功功率。当 $\alpha=180°$ 时，TCR 不吸收无功功率，对电力系统不起任何作用。TCR 的三相接线形式大都采用三角形连接，如图 2-10(b)所示。

TCR 的控制方式有两大类：一类是开环控制，另一类是闭环控制。开环控制指的是无反馈的控制，特点是响应速度快。闭环控制是有反馈控制，特点是跟踪精确。带电流内环的 TCR 电压反馈控制方框图如图 2-11 所示。

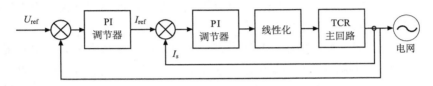

图 2-11　带电流内环的 TCR 电压反馈控制方框图

单独的 TCR 由于只能吸收感性的无功功率，因此往往与并联电容器配合使用。并联电容器后，总的无功功率为 TCR 与并联电容器无功功率抵消后的净无功功率。并联电容器串联小的调谐电抗器后还可兼作滤波器，吸收 TCR 产生的谐波电流。

2)晶闸管投切电容器

通过晶闸管控制电容器的接入，构成 TSC 设备，单相 TSC 原理图如图 2-12(a)所示。图 2-12(a)中的两个反并联晶闸管将电容器并入电网或从电网断开，在此线路中通常会串联一个小电感，用来抑制电容器投入电网时可能造成的冲击电流。

晶闸管在 TSC 中只作为投切电容器的开关，而不像 TCR 中的晶闸管起相控的作用，因此 TSC 不能连续调节无功功率，TSC 实际上就是断续可调的吸收容性无功功率的动态无功补偿器。若要实现可控无功功率调节，可以将多组不同电容的 TSC 并联，构成分组投切的 TSC 设备，如图 2-12(b)所示。按照投入电容器组数的增多，TSC 的电压-电流特性体现为图 2-12(c)中的 OA、OB 或 OC 线段。

当 TSC 用于三相电路时，可以是三角形连接，也可以是星形连接。TSC 控制系统的思路与 TCR 相似，只不过其中的控制电路是以决定哪组电容投入或切除的逻辑功能为中心的。

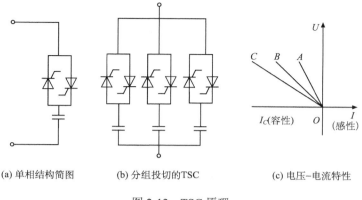

(a) 单相结构简图   (b) 分组投切的TSC   (c) 电压-电流特性

图 2-12 TSC 原理

3. 静止无功发生器

采用电力电子器件控制的静止无功补偿装置,主要有静止无功发生器(Static Var Generator, SVG)和静止同步补偿器(Static Synchronous Compensator, STATCOM),这类装置具有响应速度快和可连续调节的优点,已广泛应用于提高输电系统的稳定性、改善电能质量、对冲击性负荷的无功补偿和闪变抑制等领域。

静止无功发生器或静止同步补偿器,其基本原理是将桥式电路通过电抗器并联在电网上,通过电力半导体开关的通断将直流侧电压转换成与交流侧电网同频率、同幅值、同相位、不同电流相位的交流电,或者直接控制其交流侧电流,就可以使该电路吸收或者发出满足要求的无功电流(感性或容性),达到动态无功补偿的目的。

STATCOM 的主电路分为电压型桥式电路和电流型桥式电路两种类型,其电路基本结构分别如图 2-13(a)和图 2-13(b)所示,在直流侧是电容和电感这两种不同的储能元件,开关元件采用全控型器件。对 STATCOM 装置控制的要求为:控制速度快,控制精度高,多功能、多目标控制。

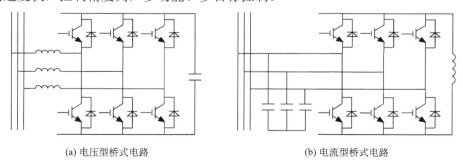

(a) 电压型桥式电路   (b) 电流型桥式电路

图 2-13 STATCOM 的主电路

在图 2-13(a)中，STATCOM 正常工作时，直流侧电容为 STATCOM 提供直流电压支撑。桥式电路的功能是逆变，所以桥式电路也可以由多个逆变电路单元串联或并联组成。连接逆变器的电抗器可以限制电流，防止逆变器故障或系统故障时产生过大的电流。

思 考 题

1. 根据太阳电池模型分析阴影对太阳电池 I-V 特性曲线的影响。

2. 在太阳电池组件时或者在光伏组件排布阵列时，如何克服阴影对发电系统的影响？

3. 根据现场测量的光照强度、温度和 I-V 特性曲线，分析并估计标准测试条件下的 I-V 特性曲线。

4. 画出用温度校正、恒压法实现太阳能最大功率点跟踪的程序流程图。

5. 光伏组串的类型和构成自行确定，设计 Boost 主电路，可以实现光伏组串的扰动观测法最大功率点跟踪，最优占空比工作在 50% 附近。

6. 微电网接入电力变压器，变压器的容量和微电网容量如何匹配？

7. 互感器的量程和精度对系统测量有什么影响？如何提高测量精度？

8. 逆功率保护器用在风光储等子系统中起什么作用？

9. 电容器、TSC 设备、STATCOM(主电路电压型桥式)用于无功补偿各有什么特点？

第3章 风力发电子系统

3.1 风 能

3.1.1 风能模型

风是空气相对于地球表面的运动，是由于大气中热力和动力的空间不均匀性所形成的，因此可以将风的形成分为三类：大气环流、季节环流、局地环流。描述风的指标有多种，主要有风向、风速(风力和风级)、风频、风能密度。

由于风向、风速是随时变化的，因此在一定的空间和时间内风速的大小与方向也是随机的。为精确地描述实际风速的易变性、不确定性，目前普遍将实际风速用基础风速、阵风风速、逐渐变化风速和随机变化风速四部分合成，通过一定时间的统计后获得风速的平均值 v(m/s)。风速 v 通过面积 S 所具有的风功率为 $\frac{1}{2}\rho Sv^3$，其中 ρ 为空气密度(kg/m³)。

根据空气动力学原理，风力机实际能够捕获的功率 P 为

$$P = \frac{1}{2}C_p(\beta,\lambda)\rho Sv^3 \tag{3-1}$$

式中，P 为风力机所获取的功率(W)；S 为风轮扫风面积(m²)；β 为桨距角；λ 为叶尖速比。

风能利用系数 C_p 是风力机能量转换特征系数，表示风力机捕获自然风蕴含能量的能力大小，一般为 0.3~0.5。在理想状态下计算风力机所能达到的风能利用效率的极限值，即 C_p 的最大值，称为贝兹(Betz)极限。根据风轮动量理论(贝兹极限理论)可知，极大值 $C_{p\text{max}}$=0.593，表示风轮最多能吸收 59.3%的风动能，风轮从自然风中所能获取的能量是有限的。

对于风力机来说，C_p 与叶尖速比 λ 以及桨距角 β 之间的函数关系是非线性的，叶尖速比 λ 只是叶片端部切向的线速度和实际自然风速的比值，可表示为

$$\lambda = \frac{\omega R}{v} \tag{3-2}$$

式中，ω 为风轮旋转角速度(rad/s)；R 为风轮半径(m)；v 为风速(m/s)。

C_p 与 λ 用无因次性能曲线(C_p 与风力机进口的大气压、温度、风轮转速无关，无因次曲线是一定的)表达，是高阶非线性函数，改变 β 值(如 0°、4°、8°、12°)

获得一组 C_p 与 λ 的关系曲线，曲线如图 3-1 所示。

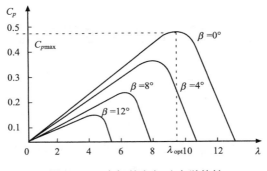

图 3-1   风力机的空气动力学特性

如果是定桨距风力发电机，桨距角 β 保持不变，风轮从风能中获取的最大功率是固定的，用一条曲线就能描述出 $C_p(\lambda)$ 的性能。

如图 3-1 所示，$\beta=0°$ 的一条 $C_p(\lambda)$ 曲线，在任何风速下，只要使得风轮的尖速比 $\lambda=\lambda_{opt}$，就可维持风力机在 $C_{p\max}$ 下运行，λ_{opt} 为曲线 C_p 峰值点对应的 λ 值，称为最佳叶尖速比。使风力机维持在最佳叶尖速比的运行方法，主要是通过控制风力机转速（ω）来达到这一目的，这时风力机从风能中获取的机械功率 P 为

$$P = \frac{1}{2}\rho S C_{p\max} v^3 \tag{3-3}$$

3.1.2   风能评估

风能评估参数主要有平均风速、主要风向分布、年风能可利用时间、风功率密度。

（1）平均风速是年平均风速（30 年，至少 10 年，每小时或每 10min 的平均风速数据）。

（2）主要风向分布是依据多年风向统计资料和至少最近一年的风向实测数据评估。

（3）年风能可利用时间是一年中风力发电机在有效风速范围内的运行时间（一般有效风速范围取 3～25m/s）。

（4）风功率密度可以由风速和空气密度估算得到。在标准条件下（0℃，1 个标准大气压），空气密度约为 1.29kg/m³。在通常情况下（15℃），取 1.225kg/m³。但是随着海拔、气温、气压的变化，空气密度会发生变化。

为了预测风能转化成电能的潜力，将风能资源分成四类区域，见表 3-1。

表 3-1　风能资源四类区域

指标	丰富区	较丰富区	可利用区	贫乏区
年有效风能密度/(W/m²)	>200	200～150	150～100	<100
风速≥3m/s 年累计时数/h	>5000	5000～4000	4000～2000	<2000
风速≥6m/s 年累计时数/h	>2200	2200～1500	1500～350	<350

　　在风力机运转的绝大多数时间内，风速很少达到额定风速，因此风力机主要运行在变速恒频的模式，使系统的经济效益最大化。在这样的工况下，风力机的首要目标是始终尽量捕捉更多的风能，使得 C_p 为最大值。

3.1.3　风能利用特性

　　从切入风速到切出风速，风力发电机有着不同的动态特性。切入风速指风力发电机开始并网发电的最低风速，切出风速指风力发电机并网发电的最大风速，超过此风速，风力发电机将切出电网。风力机输出功率与风速的 3 次方成正比，并随风速的增大而增大，当达到额定风速时，发电机输出功率达到额定值并保持不变。所以，以额定风速为界，风力发电机运行在两个区域：部分负荷区和满负荷区。其中满负荷区输出功率以额定值为上限。出于安全性的考虑，在额定风速以上运行时，必须限制功率的进一步上升。因此可以通过改变叶尖速比 λ，进而改变叶片的空气动力特性，达到限制功率的目的。

　　随着风速的变化，根据不同的控制任务和方法，风力发电机又可分为四个运行阶段，风力发电机的运行区域动态特性如图 3-2 所示。

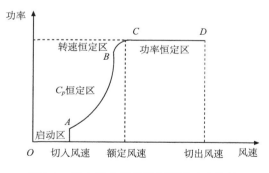

图 3-2　风力发电机的运行区域动态特性

　　(1) OA 段为启动区：风力发电机待机且无功率输出。

　　(2) AB 段为风能利用系数 C_p 恒定区：风力发电机追踪最大输出功率。这段区域使风力机转速随着风速的变化而变化，即保持最佳叶尖速比 λ_{opt}，使风力机在

最佳风能利用系数 $C_{p\max}$ 下运行。

(3)BC 段为转速恒定区：随着风速增大，风力发电机的转速也随之增大，最后达到允许的最大转速，限制风力机转速进一步增加。输出功率小于最大功率，控制系统保持转速恒定，此时 C_p 减小，风力发电机的输出功率仍在增大。

(4)CD 段为功率恒定区：若风速持续增大，风力机、发电机以及各部分电路都将到达功率极限，此时应控制风力机转速迅速下降以保持恒定的电功率输出。

3.2　机　械　系　统

风力发电机中风能转机械能的结构，主要包含风力机(叶片、轮毂、变桨机构)、主轴、偏航机构、制动机构、风速传感器及辅助机构。

3.2.1　叶片与桨距角

风能的转换效率与空气流过叶片产生的升力有关，因此叶片的翼型性能直接影响风能转换效率。

如果风力机按功率调节方式划分，可以分为定桨距风力机、变桨距风力机。对于变桨距风力机，轮毂内的空腔部分还安装变桨距调节机构。轮毂用于连接叶片和主轴，承受来自叶片的载荷并将其传递到主轴上。

距主轴距离为 r 的叶片剖面如图 3-3 所示。AB 为翼型弦线(直线)，α 为翼型攻角，β 为叶片桨距角，θ 为叶片入流角，$\theta = \alpha + \beta$，ω 为风轮旋转角速度。

当翼型攻角 α 大于零时，因为翼型下表面压力大于上表面压力，气流在翼型上形成升力 F_L，空气的推力为 F_D，则翼型受到的空气动力为合力 F，其方向垂直于翼型弦线。

1. 定桨距风力机

叶片固定在轮毂上，桨距角不变，风力机的功率调节完全依靠叶片的失速性能。当风速超过额定风速时，在叶片后端将形成边界层分离，使升力系数下降，阻力系数增加，从而限制了风力机功率的进一步增加。定桨距风力机的优点是结构简单，缺点是不能保证超过额定风速区段的输出功率恒定，并且由于阻力增大，叶片和塔架等部件承受的载荷相应增大。此外，由于桨距角不能调整，没有气动制动功能，因此定桨距叶片在叶尖部位需要设计专门的制动机构。

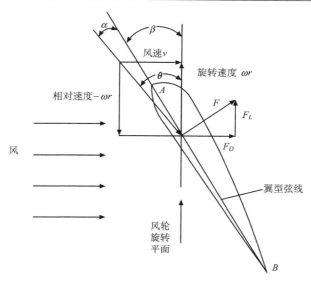

图 3-3　叶片的翼型

2. 变桨距风力机

变桨距风力机的叶片可以绕叶片中心轴旋转，使叶片的攻角 α 在一定范围（0°～90°）变化，变桨距调节是指通过变桨距机构改变安装在轮毂上的叶片桨距角 β，使风轮叶片的桨距角随风速的变化而变化，可以改变风力机桨距角大小的机构是变桨距系统。

叶片和轮毂不是固定连接，叶片桨距角可调。在超过额定风速范围时，通过增大叶片桨距角，使攻角减小，改变叶片升力与阻力的比例，达到限制风力机功率的目的，使机组能够在额定功率附近输出电能。变桨距风力机的优点是：高于额定风速区域可以获得稳定的功率输出。但缺点有：需要变桨距调节机构，设备结构复杂，可靠性降低。

变桨距系统的主要作用就是功率控制，另外还有安全停机的功能。变桨距系统的类型有液压变桨距系统、电动变桨距系统、电-液结合变桨距系统，其中电动变桨距系统的原理图如图 3-4 所示。电动变桨距系统以伺服电机驱动齿轮系统实现变距调节功能，可以用多个独立变桨距装置分别调节每个叶片实现独立变桨距。该系统的变桨过程是，主控制器与驱动控制器通信传达变桨命令，驱动控制器给伺服电机一串脉冲信号，变桨电机带动减速机运动，从而实现叶片的出桨和回桨。

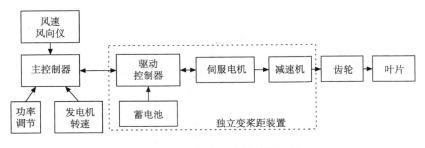

图 3-4　电动变桨距系统的原理图

3.2.2　安全保护系统

　　风力发电机组是由风力发电机及控制系统、变压器、蓄电池、开关柜和一些附件组成的风力发电系统。为保障风力发电系统的正常运行，需要监测速度、温度、位置、电气、液流特性、运动和力特性、环境条件等多种信号。

　　在风力发电机组中，监测用的传感器有振动分析、油品分析、温度、应力、电参数监测等多类。振动分析传感器主要用于监测齿轮箱的齿轮和轴承、发电机轴承和主轴承的运行状态。油品分析的目的是监测润滑油的质量和监测被润滑的工件质量。发电机、变流器和齿轮箱等设备内都安装有很多温度传感器，用来监测电子元件和电气元件是否失效。应力传感器用来监测风力发电机组的结构载荷和低速轴转矩。其他参数，如风轮转速、桨距角、液压压力等是风力发电机组的基本参数，表征风力发电机组的基本运行状态。

　　根据风力发电机组中发电、输电、运行控制等不同环节的特点，一般将风力发电机组保护系统分为三个保护等级，图 3-5 为安全系统流程图。

　　Ⅰ级保护(紧急)等级，也是安全链系统保护，属最高级别的安全保护。风力发电机组安全链采用反逻辑设计，将可能对风力机组造成严重损害的故障节点串联成一个回路，一旦其中一个节点动作，将引起整条回路断电，机组进入紧急停机状态。

3.2.3　传动与辅助系统

　　传动系统由风轮主轴、增速齿轮箱、轴系连接与制动三部分组成。轴系用来连接风轮与发电机，将风轮产生的机械转矩传递给发电机，同时实现转速的变换。

　　偏航系统是风力发电机特有的随动伺服系统，当风力发电机的风轮与主风向之间发生偏差时，控制器将控制偏航驱动装置转动风轮和机舱，对准主风向。因此，偏航系统主要有两大功能：第一是使机舱主动对准主风向，使风轮主动对风；第二是机舱电缆发生缠绕时自动解缆。大型风力发电机组主要采用电动机驱动的

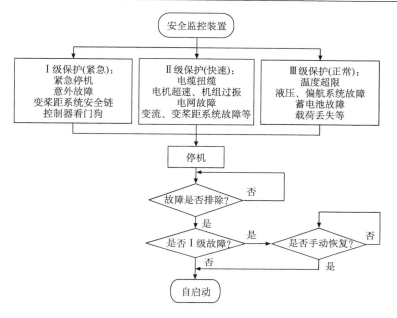

图 3-5　安全系统流程图

偏航系统，该系统的风向感受信号来自装在机舱上面的风向标。通过控制系统实现风轮方向的调整，典型的偏航控制系统框图如图 3-6 所示。

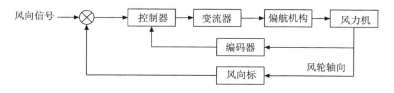

图 3-6　偏航控制系统框图

　　液压系统用于驱动变桨系统，改变叶片迎风角度。液压系统还要驱动齿轮箱高速轴上的盘式制动器。

　　润滑系统用于主齿轮箱的润滑、主轴与发电机轴承的润滑、变桨距与偏航系统的润滑。温控系统包含发电机、变流器、变压器、液压系统的温度控制，主要有空气冷却和水冷两种实现方式。

　　风力发电机组的辅助装置有塔架、机舱罩、机舱底盘、变压器、防雷系统及电气保护装置。

3.3　发电机系统

机械能转电能，主要是风力发电机组中的电气系统实现的。风力发电机组中的电气系统一般包括发电机、励磁调节器(或电力电子变流器)、并网开关、软并网装置、无功补偿器、主变压器、转速传感器等。

3.3.1　发电机结构

可以有多种方法对发电机分类：①按照发电机的工作原理不同，可分为同步发电机(Synchronous Generator)和异步发电机(Asynchronous Generator)。在发电机稳态运行时，转子(Rotor)的机械旋转角速度与所发的交流电角频率呈整数倍关系的电机是同步发电机，此倍数为转子的磁极对数，不是整数倍的电机是异步发电机。②按照发电机发出的电能特性划分，分为直流发电机和交流发电机。③按照产生交流电的相数划分，发电机可以分为单相发电机和三相发电机。目前在风电场中应用的风力发电机，大多是三相交流发电机。

各类发电机的主体部分都由静止的定子(Stator)和可以旋转的转子两大部分构成，常见的电机结构示意图如图 3-7 所示。定子由定子铁心、三相电枢绕组和起支撑及固定作用的底座组成。转子主要包括转子铁心(或永磁体)、励磁绕组(永磁体无励磁)、滑环等。定子的作用是产生感应电动势，转子的作用是产生一个强磁场。

风力发电机中的原动机是风力机，风力机带动转子绕轴旋转，旋转的转子磁场切割定子绕组线圈，在定子绕组中感应出电动势，在闭合的外电路中形成电流，从定子绕组出线端(图 3-7 中的 *A*、*B*、*C*)输出。

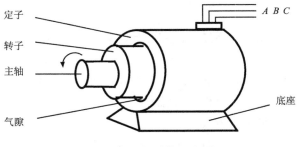

图 3-7　电机结构示意图

绕组多是用铜线缠绕的金属线圈，在铜线外面要包裹绝缘物质。铁心的功能是靠铁磁材料提供磁的通路，以约束磁场的分布。

各种发电机定子的基本结构是类似的，定子铁心由很薄的圆环状硅钢片叠制而成，内表面开了若干轴向沟槽，嵌放定子的绕组。

各种电机结构上的差别主要体现在转子的形状或转子绕组的形状上面。同步电机的转子有凸极式和隐极式。凸极式转子铁心，有明显的磁极凸出；隐极式转子铁心的截面为圆形。异步电机的转子绕组有鼠笼式和绕线式。鼠笼式转子构成笼型异步电机（Squirrel-Cage Induction Generator，SCIG），绕线式转子构成绕线式异步电机（Wound Rotor Induction Generator，WRIG）。鼠笼式转子没有线材绕组，由嵌放在转子铁心槽内的金属导条和两端的短路环组成。而绕线式转子是线材绕组，而且绕组连接到三个固定在转轴上的铜环（滑环），通过电刷引出，如图 3-8 所示。比较起来，绕线式转子电机的转子绕线圈数较多，感应电压较大，感应电流较小；鼠笼式转子电机的优点是结构简单，转子上无绕组，维修成本低，使用寿命长。

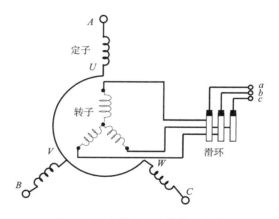

图 3-8　风力发电机绕线转子结构

3.3.2　发电机的工作原理

发电机是基于电磁感应原理工作的，工作原理图如图 3-9 所示。当转子导体中通入电流时，在带电导体的周围会产生磁场，转子绕主轴旋转，磁场强度最大的位置在定子内表面圆周出现的位置是随着时间变化的，可以看成磁场在定子内表面圆周上旋转，产生了旋转磁场。转子的旋转磁场相对定子绕组移动，相当于定子绕组切割磁力线时，在定子绕组中感应出电动势，磁能转换为电能。转子逆时针旋转，A 点的电位从 0 升到正再变到 0，再从 0 降到负再变到 0，如此周期性重复。

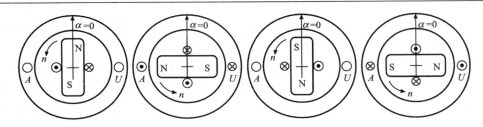

图 3-9　发电机工作原理图

如果转子使用永磁体或者转子导体中流过的电流是直流电，则转子产生恒定的磁场。如果转子导体中流过的电流是交流电，则转子产生交变的磁场。

如果转子导体与外电路构成了闭合回路，则还会在感应电动势的作用下形成感应电流。

1. 同步发电机

在同步发电机中，转子使用永磁体或者转子绕组通直流电励磁，转子磁场恒定。原动机拖动转子旋转时，主磁场同转子一起旋转，就得到一个与转子相同转速的旋转磁场，该磁场相对定子产生运动，在定子绕组中感应出电动势，此交流电动势的频率取决于发电机的极对数 p（即磁极的对数）和旋转磁场的转速。如果感应出的交流电动势频率为 f_1，电角频率为 ω_1，则转子的机械角速度的大小为 ω_1/p（不考虑方向）。定子旋转磁场的转速为 n_1 (r/min)，则 f_1 与 n_1 的关系为

$$f_1 = \frac{pn_1}{60} \tag{3-4}$$

2. 异步发电机

转子绕组无励磁电流的发电机为异步发电机，当异步发电机的转子在原动机（如风力机）的驱动下，以转速 n 旋转时，在转子绕组中感应出电压 e 和电流 i，i 在磁场中受力为 F，产生电磁转矩为 T_e。若转子以转速 n，与 n_1 相同方向（逆时针）旋转，转子绕组的导体与定子旋转磁场之间有 $n_1 - n$ 的转速差，异步发电机转子中感应电流的频率由该转速差决定：

$$f_2 = \frac{p(n_1 - n)}{60} = \frac{n_1 - n}{n_1} f_1 \tag{3-5}$$

式中，f_2 称为转差频率。

n_2 为转子磁场的旋转速度（指的是转子磁场相对于转子本身的转速）：

$$n_2 = \frac{60 f_2}{p} = n_1 - n \tag{3-6}$$

转差率定义为同步转速 n_1 和转子转速 n 之差与同步转速 n_1 的比值,用 s 表示:

$$s = \frac{n_1 - n}{n_1} \qquad (3\text{-}7)$$

用 s 表示的转子转速 n:

$$n = (1-s)n_1 \qquad (3\text{-}8)$$

定子绕组中电流的频率 f_1 由感应出该电流的定子绕组与转子磁场的相对转速 n_2 决定。当 n 一定时,f_1 就是由转差率 s 确定的。当异步发电机正常运行时,转差率 s 很小。通常 $s=0.01\sim0.05$,则 $f_2=0.5\sim2.5\text{Hz}$。

将异步发电机的运行状态分析和归纳,可得到:当 $s<0$(或 $n>n_1>0$)时,异步发电机处于发电机状态;当 $1>s>0$(或 $n_1>n>0$)时,异步发电机处于电动机状态;当 $s>1$(或 $n_1>0$,$n<0$)时,异步发电机处于电磁制动状态。获得异步发电机的机械特性曲线如图 3-10 所示,图中 s 的数值标于坐标纵轴左侧,n 的数值标于坐标纵轴右侧。

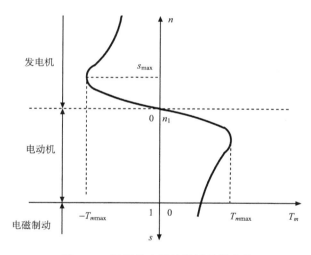

图 3-10　异步发电机的机械特性曲线

3. 交流励磁发电机

转子绕组通入交流电流励磁为交流励磁发电机,交流励磁发电机和异步发电机有些类似,差别在于交流励磁发电机主动给转子绕组提供产生转子磁场所需的交流励磁电流。

当转子以转速 n 旋转时,如果能够控制转子绕组励磁电流的频率 f_2,使得转子磁场相对于转子本身的转速 n_2(根据需要,可以与转子旋转方向相同或相反)始

终满足 $n \pm n_2 = n_1$，则可以在发电机转子转速 n 发生变化的情况下，仍能保持发电机定子输出交流电的频率恒定。

3.3.3　主流风力发电机型

风力发电系统分恒速恒频风力发电系统、变速恒频风力发电系统。

风力发电系统并网使用的主流发电机机型都是变速恒频方式控制的。变速恒频，即风力机和发电机转子的转速是可变的，通过电力电子变流器实现发电机输出交流电的频率是恒定的。虽然有多种变速恒频发电机，但是在风力发电系统中，主用的是直驱（或半直驱）永磁同步发电机（Permanent Magnet Synchronous Generator，PMSG）和双馈异步发电机（Doubly Fed Induction Generator，DFIG）。

1. 永磁同步发电机

1）永磁同步发电机分类

同步发电机一般分为两类：一类是用永磁体提供励磁磁通的永磁同步发电机；另一类是用直流（电机或整流装置产生）提供励磁磁通的电励磁同步发电机（Electrically Excited Synchronous Generator，EESG）。电励磁同步发电机根据励磁绕组与电枢绕组连接方式的不同，分为他励与自励两大类，自励又分并励、串励、复合励磁三种。

永磁同步发电机转子采用永久磁体，可以使转子的结构简单，具有体积小、效率高、不需要电功率励磁、维护方便等优势。虽然电励磁同步发电机的输出电压可以调节，但是效率低、结构和控制系统复杂、体积庞大。特别是盘式永磁同步发电机，工作在较低转速状态，电机的转子极对数较多，发电机的直径较大、结构复杂，外形酷似一个扁平的大圆盘。

2）直驱永磁同步发电机

直驱是指风力机与发电机之间没有变速机构（即齿轮箱），风力机转动后直接驱动发电机的转子旋转，直驱永磁同步发电机可以将低速的风力机和低速的发电机直接相连。如果为了将低速的风力机和高速的发电机相连，可以在二者之间加入齿轮箱，达到改善风能利用效率的目的。常用的齿轮箱又分为单级增速、两级增速、多级增速。

因为直驱永磁同步发电机转子的转速是由风力机的转速决定的，当风速发生变化时，风力机的转速会发生变化，因而转子的旋转速度是时刻变化的，PMSG输出的交流电不稳定。为了使风速变化时风力发电机能变速恒频运行，发电机定子绕组与电网之间需连接背靠背全功率变频器。永磁同步发电机产生的交流电，先经过机侧变流器整流获得直流电，然后再经三相逆变器将直流电转换为标准的正弦交流电，最后将交流电并入交流母线，其电路原理如图 3-11(a)所示，图中网侧变流器和交流母线之间的 L、C 代表滤波器。如果不接全功率变频器变流，也可以接不可控整流电路、升压斩波电路、逆变电路组合实现变流，电路原理图如图 3-11(b)所示。

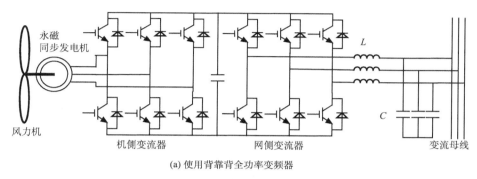

(a) 使用背靠背全功率变频器

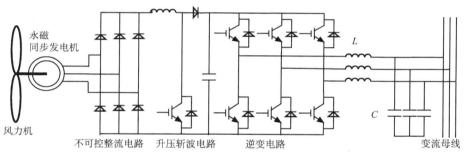

(b) 使用不可控整流器

图 3-11　直驱永磁同步发电机电路原理图

3) 由永磁同步发电机构成的风力发电系统

由永磁同步发电机构成的发电系统，其结构图如图 3-12 所示。并网时，如果负载急剧变化有可能引起电压失步，需要使用同步合闸装置，同步合闸装置可以减小并网时风力发电系统对电网的冲击电流。

2. 双馈异步发电机

双馈异步发电机又称为交流励磁发电机，具有定子、转子两套绕组。DFIG可以归类为绕线式转子电机，"双馈"是指定子和转子都能向所连接的电网馈电。

1) 双馈异步发电机的结构

DFIG 是绕线型转子三相异步发电机的一种。其定子结构与异步发电机定子结构相同，定子绕组直接接入交流电网，转子绕组端接线由三只滑环引出，接至

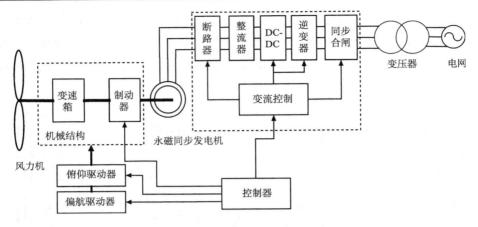

图 3-12　永磁同步风力发电系统的结构图

一台双向功率变流器。转子绕组通入受控的变频交流励磁电流,其励磁电压的幅值、频率、相位、相序均可以根据运行需要进行调节。转子转速低于同步转速时也可使 DFIG 运行于发电状态,定子绕组端口并网后始终发出电功率,但转子绕组端口电功率的流向取决于转差率。

DFIG 的定子绕组常常是通过变压器连接到电网交流母线上(也可以直接连接交流母线),实现向电网输送功率。DFIG 输出电压的频率可以通过转子绕组中的交流励磁电流的频率调节,而转子绕组的交流励磁是通过变流器实现的,变流器先将电网的交流电整流得到直流电,再将该直流电逆变为频率可变的交流电,用于转子绕组的励磁。

2) DFIG 运行原理

DFIG 转子交流励磁,定子和转子均可发电。转子电流的频率为转差频率,跟随转子转速变化。通过调节转子电流的相位,控制转子磁场领先于由电网电压决定的定子磁场,从而在转速高于和低于同步转速时都能保持发电状态。通过调节转子电流的幅值,可控制 DFIG 定子输出的无功功率,转子绕组参与有功和无功功率变换,为转差功率,容量与转差率有关(约为全功率的 0.3 倍,$|s|<0.3$)。

DFIG 转子侧的有功功率流向与发电机运行区域有关,转子的电能根据风电场的状况双向流动。当 DFIG 转子转速低于同步转速时,微电网母线向 DFIG 转子提供交流励磁,功率由电网流入转子,DFIG 仅由定子输送电能到电网。当 DFIG 转子的转速高于同步转速时,DFIG 呈现的特征是定子和转子同时向电网输送电能。当 DFIG 转速恰好为同步转速时,则转子励磁为直流电源。当微电网由于负荷突变、能量不平衡等扰动发生时,可通过快速控制转子的励磁电流来改变 DFIG 转子转速,利用 DFIG 转子动能减少电网所遭受的扰动。

3)变流器

DFIG 的变流器由两部分组成：网侧变流器和机侧变流器。DFIG 电路原理图如图 3-13 所示，其实质是一个交-直-交电压型变频电路，由两个共用直流环节的背靠背三相整流/逆变电路组成，可实现变频、变压和功率双向流动。a、b、c 为连接转子的接线端。

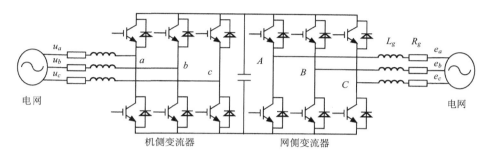

图 3-13　DFIG 电路原理图

变流器电路的控制方式有多种，如常用的机侧变流器采用定子磁场定向矢量控制、网侧变流器采用电网电压定向矢量控制，通过二者之间的协调控制，可实现发电机的有功功率和无功功率之间的解耦控制，保持直流母线电压恒定，稳定 DFIG 所发电能的质量。

4)由 DFIG 构成的风力发电系统

DFIG 多采用水平轴式变桨距控制的风力机实现风能的捕获，由 DFIG 构成的发电系统如图 3-14 所示。并网时，采用强制并网，不需要同步装置，无失步现象，

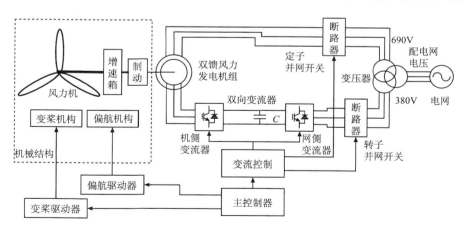

图 3-14　由 DFIG 构成的发电系统

运行时只需适当限制负荷。但 DFIG 并网时冲击电流大，有时需要采取限流措施。当转子出现过流时，为保护双向变流器电子元器件，在转子侧并联撬棒（Crowbar）电路。

DFIG 兼有异步发电机和同步发电机的特性。同步发电机励磁电流的可调量只有幅值，所以一般只能调节无功功率。而 DFIG 实行交流励磁，可调量有四个：励磁电流幅值、励磁电流频率、励磁电流相位、励磁电流相序。改变转子励磁电流频率，DFIG 发电系统可以实现变速恒频方式运行。改变转子励磁电流的相位，使转子电流产生的转子磁场在气隙空间上有一个位移，改变了发电机电动势相量与电网电压相量的相对位置，调节了发电机的功率角，调节了有功功率。交流励磁不仅可调节无功功率，也可调节有功功率。

3.4　风力发电机的控制

风力发电机的控制系统一般可分为风机控制系统和电机控制系统。其中双馈风力发电机的控制系统结构最为复杂，控制要求多，其结构包括主控制器、机舱控制柜、塔基控制柜三大块。

3.4.1　风力发电控制方法

1. 要求

控制系统要保障风力发电系统中发电、液压、变桨距、偏航各子系统能够协调、稳定地工作。

控制系统结构图如图 3-15 所示，分析归纳各子系统功能，将控制系统的主要要求归纳为以下内容：①根据风速信号自动进入启动状态或从电网自动切除；②根据发电机输出功率及风速大小自动进行风力机、发电机的转速和功率控制；③根据风向信号自动对风；④根据电网和输出功率要求自动进行功率因数调整；⑤当发电机脱网时，能确保发电机组安全停机；⑥运行过程对电网、风况和机组的运行状况进行实时监测和记录、处理；⑦对在风电场中运行的风力发电机组具有远程通信的功能；⑧具有良好的抗干扰和防雷保护措施，大型风力发电机组需要有低电压穿越（Low-Voltage Ride Though，LVRT）能力。

2. 风力发电机调节

分析风力发电机的运行特性，有低风速（最大功率点跟踪）、高风速（恒速、恒功率）区域。在恒速区，防止风力发电机过速造成机械损伤。在恒功率区，防止过

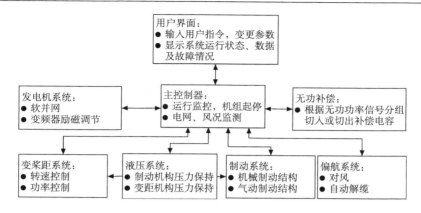

图 3-15 控制系统结构图

功率造成变流器损伤。超过切出风速,风力发电机停止运行。在最大功率点跟踪区和恒速区,风力发电机均输出恒定频率的交流电。在恒功率区,风力发电机主要通过变桨控制、定桨失速控制实现恒功率控制。

根据风力发电机的运行特性,将风力发电机的控制分为三个控制过程:启动时的转速控制,额定转速以下(欠功率状态)的不控制或桨叶角随动控制,额定转速以上(额定功率状态)的恒功率控制,目的是实现风力机的输出功率最优调节。

输出功率调节方法有定桨距失速调节、变桨距调节和主动失速调节三种,现在主要使用前两种调节方式。

定桨距失速调节一般用于恒速恒频控制,其风力机的结构特点是:叶片与轮毂的连接是固定的,桨距角固定不变,当风速变化时,叶片的迎风角度不能随之变化。在风速超过额定风速后,利用桨叶翼型本身的形变失速特性,维持发电机组的输出功率在额定值附近。定桨距失速调节的优点是,失速调节简单可靠,由风速变化引起的输出功率的控制只通过叶片的被动失速调节实现,没有功率反馈系统和变桨距机构,使控制系统大为简化,整机结构简单、部件小、造价低。其缺点是叶片重量大、成形工艺复杂,叶片、轮毂、塔架等部件受力较大,机组的整体效率较低。

变桨距调节一般用于变速运行的风力发电机,主要目的是改善机组的启动性能和功率特性。

当前在风电领域,风力发电机转速控制技术分为两部分:恒速恒频控制技术和变速恒频控制技术。

1)恒速恒频控制技术

在整个发电流程中始终维持电机的转动速度不变,保证电机输出的电压、频率始终恒定。将直流电压基准值限定为定值 U_{DC},发电机组的转子机械角速率保持恒定，从而实现了恒速控制。

因为不同风速下风轮转速保持不变，所以风力发电机无法运行在最佳叶尖速比，造成风能利用效率降低，在新型和大型的风力发电机中很少采用这种技术。

2) 变速恒频控制技术

风力机的风轮转动速度能够随着风速的变化而时刻改变，而发电机输出的交流电则可以通过交-直-交变流器转换为额定 50Hz 的工频交流电并入电网。由于风轮的转动速度与风速呈一定的函数关系，因此风力机可以一直在最佳叶尖速比工况点运行，从而使风能利用最大化。所以，目前的大型风力发电机中普遍采用这种变速恒频控制技术。

3. MPPT 主要控制方法

风能最大功率点跟踪的实质是风力发电机的最佳转速控制，可以由风力机的桨距角调节系统完成，也可以由发电机的转子侧控制系统完成（此时认为桨距角固定不变）。主流的控制方法可以划分成三种，即叶尖速比法（Tip-Speed Ratio，TSR）、功率反馈法（Power Signal Feedback，PSF）和爬坡搜索法（Hill-Climbing Searching，HCS），另有新型 MPPT 控制策略在此不作讨论。

1) 叶尖速比法

叶尖速比法是控制风力机的实际旋转速度，确保风力机在旋转的过程中一直处于最佳叶尖速比的状态，从而保证风力机能时刻以最大效率利用风能进行发电，其控制原理如图 3-16 所示。

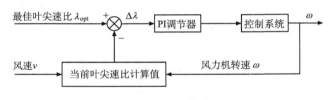

图 3-16　叶尖速比法控制原理图

叶尖速比法通过实时监测风速 v 和风力机转速 ω，并由二者计算出当前的叶尖速比 λ（$\lambda = \dfrac{\omega R}{v}$，$R$ 为风轮半径），与风力机当前状态下的最优叶尖速比 λ_{opt} 进行差值比较得出实际偏差 $\Delta\lambda$，再经比例-积分（PI）调节器调节后输出到控制系统，控制风力机追踪并最终稳定运行在最大功率状态，从而达到最大功率点跟踪的目的。

叶尖速比法相对简单、容易实现，但是风速不易准确测量、利用风速传感器单点测量的风速误差较大，在整个生命周期内难以准确获得最佳叶尖速比，因此在工程实际中该方法的控制精度受到一定的影响，通常需要结合相应的风速估计或预测算法来实现。

常用的调节器有 PI 调节器、比例-微分(PD)调节器以及比例-积分-微分(PID)调节器。在微电网系统中，信号变化速度较快，常用 PI 调节器的传递函数为 $G(s) = K_p\left(1 + \dfrac{1}{T_i s}\right)$，或者表示为 $G(s) = K_p + \dfrac{K_i}{s}$，其中 K_p (比例系数)、T_i (时间参数)、K_i (积分系数) 为 PI 调节器参数。

2) 功率反馈法

功率反馈法是通过直接控制风力发电机的输出功率,使风力发电机运行在最大发电功率状态，当风力发电机的发电功率达到当前风速下的最佳功率值时，风力机实际转速稳定在最优旋转速度，调节追踪过程停止，其具体的控制原理如图 3-17 所示。

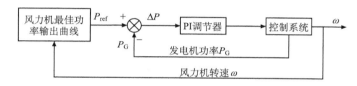

图 3-17 功率反馈法控制原理图

通过实时监测风力机转速 ω，计算出风力机当前转速下的最大功率 P_{ref} 作为发电机发电功率的给定参考值，与实际发电功率 P_G 做差值对比得出偏差 ΔP，再经 PI 调节器后输出信号给控制系统,调节实际输出功率与风力发电机的理论最大功率相等，即可实现最大功率点跟踪。

$$P_{ref} = \frac{1}{2}\rho\pi R^2 C_{p\max}\left(\frac{\omega R}{\lambda_{opt}}\right)^3 \tag{3-9}$$

式中，$C_{p\max}$ 是从风力机最佳功率输出曲线获得的风能利用系数最大值。

该控制算法的优点是不需要监测风速，避免了传感器检测误差造成的控制误差，但需要风力机厂家提供准确的风力机输出功率特性曲线。通过对最大功率曲线表的查询，可以控制系统输出最大功率，适用于大功率系统。这种控制方法较为简单，易于实现，对风速的变化不敏感。该控制方法的缺点是：需获得最大功率曲线，对风力机设计参数依赖性较强，功率曲线的误差将会影响控制的准确性。

3) 爬坡搜索法

爬坡搜索法通过控制风力发电机不停地搜寻功率曲线的峰值点来实现最大功率点追踪，当发电功率变化量小于设定的误差范围时，即认为风力发电机已近似地追踪到最大功率点，其控制原理如图 3-18 所示。

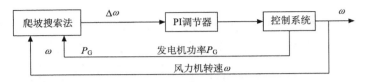

图 3-18　爬坡搜索法控制原理图

　　该方法首先通过给风力机一个实际旋转速度，然后施加一个微小的扰动量，系统的瞬时输出功率随之改变。根据发电机的功率变化情况确定下一个控制周期扰动给定的方向，即根据转速扰动方向与功率变化方向得出下一个转速的扰动量，经 PI 调器调理后输送到控制系统，进行转速控制从而实现功率的最优输出。如果采用定步长指令，其跟踪速度较慢，且在最大功率点附近可能会引起系统振荡，可以修改为采用变步长控制。由于转速指令为离散的，因此不可能完全达到最大功率点。

　　爬坡搜索法的优点是，不需要实时监测风速，也不需要厂家提供风力机功率特性曲线，独立于风力机的设计参数，可以自主地追踪到最大功率点，但是由于风力机惯性的存在，此方法较适用于小容量风力发电机系统。爬坡搜索法的缺点是，当风速变化较快时，由于风轮的惯性，一部分能量存储在风轮中，需要频繁地改变风力机的转速，追踪时间较长，可能引起系统振荡。

3.4.2　恒速恒频风力发电机

　　当并网时，风力发电机输出的三相交流电与电网交流电电压瞬时值应满足四个条件，即同相序、同幅值、同频率、同相位。恒速恒频发电机，同相序由正确的旋转方向保证，同幅值由励磁调节器自动保证，同频率由调速器保证(桨距调节可用作并网调速器)，同相位由调速器微调实现。

　　恒速恒频风力发电系统有三类：采用恒速恒频同步风力发电机的发电系统、采用恒速恒频 RCC 异步风力发电机的发电系统、采用恒速恒频笼型异步风力发电机的发电系统。

　　1. 采用恒速恒频同步风力发电机的发电系统

　　采用恒速恒频同步风力发电机的发电系统如图 3-19 所示，包括同步发电机、控制器、AVR 励磁调节器等，但系统存在并网、运行、过载等方面的问题，实际上很少被采用。

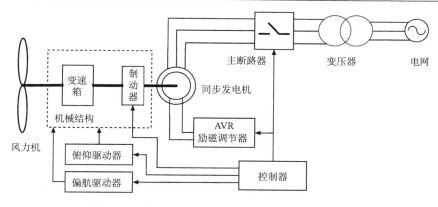

图 3-19　采用恒速恒频同步风力发电机的发电系统

2. 采用恒速恒频 RCC 异步风力发电机的发电系统

采用恒速恒频转子电流控制 (Rotor Current Control，RCC) 异步风力发电机系统的结构包括变桨风力机、绕线型异步发电机、旋转开关器件。绕线型异步发电机没有滑环，通过旋转开关器件控制转子电流，动态地调整发电机的机械特性。

优点：风速变化引起风轮转矩脉动的低频分量由变桨调速机构调节，其高频分量由 RCC 调节，可明显减轻桨叶应力，平滑输出电功率。利用风轮作为惯性储能元件，吞吐伴随转子转速变化形成的动能，提高风能利用率。电力电子主回路结构简单，不需要大功率电源。

3. 采用恒速恒频笼型异步风力发电机的发电系统

采用恒速恒频笼型异步风力发电机的发电系统如图 3-20 所示，主要包括笼型异步发电机、控制器、补偿电容等。风力发电机的定子直接与电网相连，风速变化时，采用失速控制维持发电机转速恒定。这种发电系统一般以异步发电机直接并网为主。

采用恒速恒频笼型异步风力发电机的发电系统主要有以下几个特点。

(1) 无功补偿。发电机励磁消耗、无功功率皆取自电网。应选用较高功率因数发电机，而且连接补偿电容。由于负荷经常变动，固定的补偿电容难以做到完全补偿。可能出现过补或欠补现象，造成电网电压浮动，可考虑在电站加装静止无功发生器。

(2) 软并网。风力发电系统并网瞬间与异步发电机启动相似，存在很大的冲击电流，应在接近同步转速时并网，并加装晶闸管软启动限流装置。

(3) 过载能力。发电机的机械特性曲线较硬(软特性发电机的转子损耗较大，发热严重)，允许转子转速变动范围小，导致风力机的风能转换率偏低。风速不稳时，风力发电机容易受到机械应力冲击。

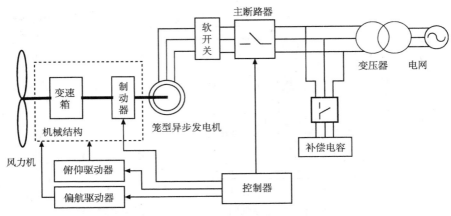

图 3-20　采用恒速恒频笼型异步风力发电机的发电系统

(4)高效轻载。绝大部分时间风力发电系统处于轻载状态,要求发电机的效率曲线平坦,在中低负载区效率较高。可考虑在轻载区将定子绕组由三角形连接改为星形连接,降低铁损。

3.4.3　变速恒频风力发电机

1. 永磁同步发电机模型

永磁同步发电机电路原理图见图 3-11。永磁同步发电机数学模型的研究主要集中于 *dq* 两相模型,该模型将原来的三相交流量变成了直流量,简化了电机的建模与控制。

参考方向的规定采用发电机惯例,从电机看出去,电流从电机流出,电压和电流符合关联参考方向。

在建立系统数学模型前,首先假定:不考虑永磁体涡流及磁滞损耗,电机转子上没有阻尼绕组,交流电三相对称,定子电动势输出波形为正弦波,转子磁极对数为 p,ψ_s 代表定子磁链,ψ_f 代表转子磁链,定子绕组电阻 R_s,永磁同步发电机定子数学模型符号定义如表 3-2 所示。

表 3-2　永磁同步发电机定子数学模型符号定义

参数	A 相	B 相	C 相	α 轴	β 轴	d 轴	q 轴
定子端电压	u_{sA}	u_{sB}	u_{sC}	$u_{s\alpha}$	$u_{s\beta}$	u_{sd}	u_{sq}
定子电枢电流	i_{sA}	i_{sB}	i_{sC}	$i_{s\alpha}$	$i_{s\beta}$	i_{sd}	i_{sq}
定子磁链	ψ_{sA}	ψ_{sB}	ψ_{sC}	$\psi_{s\alpha}$	$\psi_{s\beta}$	ψ_{sd}	ψ_{sq}
定子绕组电感	L	L	L	L_{α}	L_{β}	L_d	L_q

1)定子电压方程

转子旋转在定子上产生感应电压，电压和磁链关系为 $u_s = -R_s i_s + \dfrac{\mathrm{d}\psi_s}{\mathrm{d}t}$，$\psi_s = \psi_f + L i_s$， i_s、u_s 为定子电流、电压。假设转子磁链在气隙中呈正弦分布，定子三相绕组星形对称连接，定子的互感相等为 M，根据定子回路电压基尔霍夫方程和发电机参考方向，在三相静止坐标系下的定子电压为

$$\begin{bmatrix} u_{sA} \\ u_{sB} \\ u_{sC} \end{bmatrix} = - \begin{bmatrix} L\dfrac{\mathrm{d}}{\mathrm{d}t} + R_s & -\dfrac{M}{2}\dfrac{\mathrm{d}}{\mathrm{d}t} & -\dfrac{M}{2}\dfrac{\mathrm{d}}{\mathrm{d}t} \\ -\dfrac{M}{2}\dfrac{\mathrm{d}}{\mathrm{d}t} & L\dfrac{\mathrm{d}}{\mathrm{d}t} + R_s & -\dfrac{M}{2}\dfrac{\mathrm{d}}{\mathrm{d}t} \\ -\dfrac{M}{2}\dfrac{\mathrm{d}}{\mathrm{d}t} & -\dfrac{M}{2}\dfrac{\mathrm{d}}{\mathrm{d}t} & L\dfrac{\mathrm{d}}{\mathrm{d}t} + R_s \end{bmatrix} \begin{bmatrix} i_{sA} \\ i_{sB} \\ i_{sC} \end{bmatrix} + \dfrac{\mathrm{d}}{\mathrm{d}t} \begin{bmatrix} \psi_{fA} \\ \psi_{fB} \\ \psi_{fC} \end{bmatrix} \tag{3-10}$$

转子磁链 ABC 相的分量为 ψ_{fA}、ψ_{fB}、ψ_{fC}。设 θ_e 为定子的电角度，ω_{rm} 为转子的机械角速度。转子的旋转磁场角频率与定子的电角频率相同，即同步频率(或称电气频率)，用 ω_e 表示定子电角频率，则 $\omega_e = p\omega_{rm}$。电角频率 ω_e 与电角度 θ_e 之间的关系为

$$\theta_e = \int \omega_e \mathrm{d}t \tag{3-11}$$

$$\begin{bmatrix} \psi_{fA} \\ \psi_{fB} \\ \psi_{fC} \end{bmatrix} = \psi_f \begin{bmatrix} \cos\theta_e \\ \cos(\theta_e - 120°) \\ \cos(\theta_e + 120°) \end{bmatrix} \tag{3-12}$$

$$\dfrac{\mathrm{d}}{\mathrm{d}t} \begin{bmatrix} \psi_{fA} \\ \psi_{fB} \\ \psi_{fC} \end{bmatrix} = -\psi_f \omega_e \begin{bmatrix} \sin\theta_e \\ \sin(\theta_e - 120°) \\ \sin(\theta_e + 120°) \end{bmatrix} \tag{3-13}$$

三相绕组对称分布，则定子电压方程为

$$\begin{bmatrix} u_{sA} \\ u_{sB} \\ u_{sC} \end{bmatrix} = - \begin{bmatrix} R_s + \dfrac{3L}{2}\dfrac{\mathrm{d}}{\mathrm{d}t} & 0 & 0 \\ 0 & \dfrac{3L}{2}\dfrac{\mathrm{d}}{\mathrm{d}t} + R_s & 0 \\ 0 & 0 & \dfrac{3L}{2}\dfrac{\mathrm{d}}{\mathrm{d}t} + R_s \end{bmatrix} \begin{bmatrix} i_{sA} \\ i_{sB} \\ i_{sC} \end{bmatrix} - \psi_f \omega_e \begin{bmatrix} \sin\theta_e \\ \sin(\theta_e - 120°) \\ \sin(\theta_e + 120°) \end{bmatrix}$$

$$\tag{3-14}$$

当电机三相对称、电网三相对称时，电机三相数学模型中存在一定的约束条件：

$$\begin{cases} \psi_{sA} + \psi_{sB} + \psi_{sC} = 0 \\ i_{sA} + i_{sB} + i_{sC} = 0 \\ u_{sA} + u_{sB} + u_{sC} = 0 \end{cases} \tag{3-15}$$

ψ、i、u 的三个变量中只有两相是独立的，因此三相原始数学模型可以用两相模型代替。三相绕组可以用相互独立的两相正交对称绕组等效代替，等效的原则是在不同坐标下绕组所产生的合成磁动势相等。

为了去耦合，通过式(3-16)将 ABC 三相静止坐标系变换到 $\alpha\beta$ 两相静止坐标系，x 代表 u、i、ψ。

$$\begin{bmatrix} x_{s\alpha} \\ x_{s\beta} \end{bmatrix} = \sqrt{\frac{2}{3}} \begin{bmatrix} 1 & -\dfrac{1}{2} & -\dfrac{1}{2} \\ 0 & \dfrac{\sqrt{3}}{2} & -\dfrac{\sqrt{3}}{2} \end{bmatrix} \begin{bmatrix} x_{sA} \\ x_{sB} \\ x_{sC} \end{bmatrix} \tag{3-16}$$

由式(3-14)、式(3-16)变换后得到式(3-17)。

$$\begin{bmatrix} u_{s\alpha} \\ u_{s\beta} \end{bmatrix} = \begin{bmatrix} R_s + \dfrac{3}{2}L\dfrac{\mathrm{d}}{\mathrm{d}t} & 0 \\ 0 & R_s + \dfrac{3}{2}L\dfrac{\mathrm{d}}{\mathrm{d}t} \end{bmatrix} \begin{bmatrix} i_{s\alpha} \\ i_{s\beta} \end{bmatrix} + \sqrt{\frac{3}{2}}\psi_f\omega_e \begin{bmatrix} -\sin\omega_e t \\ \cos\omega_e t \end{bmatrix} \tag{3-17}$$

无论是 ABC 三相静止坐标系，还是 $\alpha\beta$ 两相静止坐标系，其变量均为交流量，因此采用 PI 调节器无法实现零稳态误差调节，同时其功率也不是解耦的。为了实现解耦控制，将 $\alpha\beta$ 坐标系做旋转变换得 dq 坐标系分量。假设 dq 坐标系以同步转速旋转(永磁电机的同步频率 ω_e)，且 q 轴超前于 d 轴。获得式(3-18)旋转变换分量，其中 x 代表 u、i、ψ。

$$\begin{bmatrix} x_{sd} \\ x_{sq} \end{bmatrix} = \begin{bmatrix} \cos\omega_e t & \sin\omega_e t \\ -\sin\omega_e t & \cos\omega_e t \end{bmatrix} \begin{bmatrix} x_{s\alpha} \\ x_{s\beta} \end{bmatrix} \tag{3-18}$$

dq 坐标系的电压方程为

$$\begin{cases} u_{sd} = -L_d\dfrac{\mathrm{d}i_{sd}}{\mathrm{d}t} - R_s i_{sd} + \omega_e L_q i_{sq} \\ u_{sq} = -L_q\dfrac{\mathrm{d}i_{sq}}{\mathrm{d}t} - R_s i_{sq} + \omega_e(\psi_f - L_d i_{sd}) \end{cases} \tag{3-19}$$

当 $\dfrac{\mathrm{d}i_{sd}}{\mathrm{d}t}$、$\dfrac{\mathrm{d}i_{sq}}{\mathrm{d}t}$ 近似为 0 时，dq 坐标系的电压方程变为

$$\begin{cases} u_{sd} = -R_s i_{sd} + \omega_e L_q i_{sq} \\ u_{sq} = -R_s i_{sq} + \omega_e(\psi_f - L_d i_{sd}) \end{cases} \tag{3-20}$$

2) 磁链方程和电磁转矩方程

对于 PMSG，ψ_f 为永磁体恒值磁链，将 d 轴定位于永磁体的磁链方向上，则旋转坐标系磁链方程为

$$\begin{bmatrix} \psi_{sd} \\ \psi_{sq} \end{bmatrix} = -\begin{bmatrix} L_d & 0 \\ 0 & L_q \end{bmatrix}\begin{bmatrix} i_{sd} \\ i_{sq} \end{bmatrix} + \psi_f \begin{bmatrix} 1 \\ 0 \end{bmatrix} \tag{3-21}$$

发电机功率为 P，T_e 为电磁转矩，与同步电机关系一样，$P = T_e\omega_{rm}$。电磁转矩 T_e 可以表示为

$$T_e = p(\psi_{sA}i_{sA} + \psi_{sB}i_{sB} + \psi_{sC}i_{sC}) \tag{3-22}$$

三相静止坐标系至两相静止坐标系、旋转坐标系变换后：

$$T_e = \frac{3}{2}p(\psi_{s\beta}i_{s\alpha} - \psi_{s\alpha}i_{s\beta}) = \frac{3}{2}p(\psi_{sq}i_{sd} - \psi_{sd}i_{sq}) \tag{3-23}$$

选 d 轴电感与 q 轴电感相等，$L_d = L_q$。由式(3-21)、式(3-23)得转矩方程为

$$T_e = -\frac{3}{2}p[\psi_f i_{sq} - (L_d - L_q)i_{sd}i_{sq}] = -\frac{3}{2}p\psi_f i_{sq} \tag{3-24}$$

3) 机械运动方程

$$T_m + T_e - \mu\omega_{rm} = J\frac{d\omega_{rm}}{dt} \tag{3-25}$$

式中，J 为风力发电机等效转动惯量；ω_{rm} 为转子的机械角速度；T_m 为发电机的机械转矩(即风轮输出的机械转矩)；T_e 为发电机的电磁转矩；μ 为摩擦系数。

因为风轮转动惯量远大于发电机转动惯量，所以 J 近似等于风轮的转动惯量。对于直驱型结构风力发电机，因为无传动装置，所以转子的机械角速度与风轮角速度相同。

2. 机侧变流器控制

永磁同步发电机的网侧变流器(即逆变器)在第 5 章中讨论，在此仅讨论机侧变流器(整流器)的控制。机侧变流器要完成两个控制目标，把永磁同步发电机发出的不稳定交流电转化成稳定的直流电，对发电机输出的有功功率进行控制。通过测量永磁同步发电机转子转速 ω_{rm} 来获得 q 轴电流的参考值 i_{qref}，从而实现对有功功率的控制(d 轴定位于永磁体的磁链方向上)，直驱永磁同步发电机的机侧变流器的控制框图如图 3-21 所示，图中 ABC/dq 为三相静止坐标系到两相旋转坐标系的变换，R 为风轮半径，v 为风速，p 为极对数。

在图 3-21 中有一个基于空间电压矢量脉宽调制(SVPWM)的三相全控型整流电路，PMSG 机侧变流器采用全控型整流电路，可维持直流母线电压基本恒定、提高功率因数、调节功率，但是全控型整流电路控制复杂、成本高。如果采用不控整流

电路之后接 Boost 电路，也可以实现直流母线电压的控制，但是控制简化了。

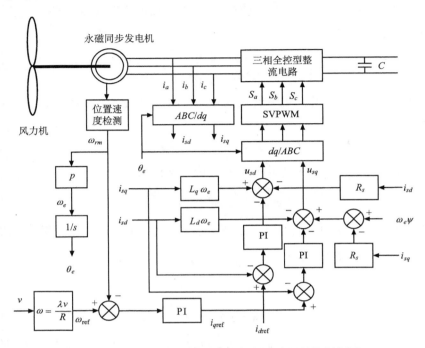

图 3-21　直驱永磁同步发电机的机侧变流器的控制框图

3. DFIG 的数学模型

DFIG 的数学模型由电压方程、磁链方程、转矩方程和运动方程组成，规定定子侧 DFIG 采用发电机惯例，转子侧 DFIG 采用电动机惯例，发电机惯例和电动机惯例的最主要区别是电流方向不同，电动机惯例的电流方向是从电网流入电机为正。

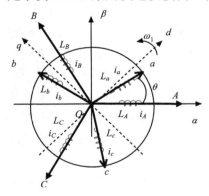

图 3-22　DFIG 转子和定子空间位置图

假设：忽略空间谐波，忽略磁路饱和，忽略铁心损耗，不考虑频率变化和温度变化对绕组电阻的影响。建立同步旋转坐标系，DFIG 转子和定子空间位置图如图 3-22 所示。从图 3-22 可得：①定子三相绕组轴线 A、B、C 在空间对称分布，相差 $\dfrac{2\pi}{3}$ 弧度（120°）。②以 A 轴为参考坐标轴，转子绕组的轴线 a、

b、c 随转子以速度 ω 逆时针旋转。转子 a 轴和定子 A 轴间的电角度为空间角位移变量θ，即 $\theta = \int \omega \mathrm{d}t$。③$\omega_1$ 为同步角速度，即 dq 坐标系相对于定子固定点的旋转角速度；电机的滑差角速度 $\omega_2 = \omega_1 - \omega$。

定义定子的数学模型符号同表 3-2，定义转子的数学模型符号见表 3-3，设：p 为磁极对数，R_r 为转子绕组电阻。

表 3-3　DFIG 转子数学模型符号定义

参数	a 相	b 相	c 相	d 轴	q 轴
转子输出电压	u_{ra}	u_{rb}	u_{rc}	u_{rd}	u_{rq}
转子电枢电流	i_{ra}	i_{rb}	i_{rc}	i_{rd}	i_{rq}
转子磁链	ψ_{ra}	ψ_{rb}	ψ_{rc}	ψ_{rd}	ψ_{rq}

在三相静止坐标系下，得 DFIG 的电压、磁链、转矩、运动方程的数学模型。

1）定子和转子的电压方程

$$\begin{cases} u_{sA} = -i_{sA}R_s + \dfrac{\mathrm{d}\psi_{sA}}{\mathrm{d}t} \\[2mm] u_{sB} = -i_{sB}R_s + \dfrac{\mathrm{d}\psi_{sB}}{\mathrm{d}t} \\[2mm] u_{sC} = -i_{sC}R_s + \dfrac{\mathrm{d}\psi_{sC}}{\mathrm{d}t} \end{cases} \tag{3-26}$$

$$\begin{cases} u_{ra} = i_{ra}R_r + \dfrac{\mathrm{d}\psi_{ra}}{\mathrm{d}t} \\[2mm] u_{rb} = i_{rb}R_r + \dfrac{\mathrm{d}\psi_{rb}}{\mathrm{d}t} \\[2mm] u_{rc} = i_{rc}R_r + \dfrac{\mathrm{d}\psi_{rc}}{\mathrm{d}t} \end{cases} \tag{3-27}$$

2）定子和转子磁链方程

每个绕组的磁链是其本身的自感磁链和与其他绕组的互感磁链之和。自感磁链由两部分构成：气隙磁链和漏感磁链。互感磁链分为定子、转子三相彼此之间的互感磁链和定子、转子绕组之间的互感磁链。

$$\begin{bmatrix} \psi_s \\ \psi_r \end{bmatrix} = \begin{bmatrix} -L_{ss} & L_{sr} \\ -L_{rs} & L_{rr} \end{bmatrix} \begin{bmatrix} i_s \\ i_r \end{bmatrix} \tag{3-28}$$

式中，定子绕组磁链 $\psi_s = [\psi_{sA}\quad \psi_{sB}\quad \psi_{sC}]^{\mathrm{T}}$；转子绕组磁链 $\psi_r = [\psi_{ra}\quad \psi_{rb}\quad \psi_{rc}]^{\mathrm{T}}$；定子线圈电流 $i_s = [i_{sA}\quad i_{sB}\quad i_{sC}]^{\mathrm{T}}$；转子线圈电流 $i_r = [i_{ra}\quad i_{rb}\quad i_{rc}]^{\mathrm{T}}$；$L_{ss}$、$L_{rr}$ 为定

子、转子的自感；L_{rs}、L_{sr} 为定子与转子的互感。

自感为绕组线圈电感和漏感之和。绕组之间的互感分为两类：①定子三相彼此之间位置、转子三相彼此之间位置都是固定的，故互感为常数。②定子任一相与转子任一相之间的相对位置是变化的，互感是角位移 θ 的函数。

设 L_{ms} 为转子绕组交链定子绕组时最大互感磁通对应的定子电感，L_{mr} 为转子绕组交链定子绕组时最大互感磁通对应的转子电感，L_{ls} 为定子各相绕组的漏感，L_{lr} 为转子各相绕组的漏感。

定子、转子的自感 L_{ss}、L_{rr}：

$$L_{ss} = \begin{bmatrix} L_{ms} + L_{ls} & -\dfrac{1}{2}L_{ms} & -\dfrac{1}{2}L_{ms} \\[2mm] -\dfrac{1}{2}L_{ms} & L_{ms} + L_{ls} & -\dfrac{1}{2}L_{ms} \\[2mm] -\dfrac{1}{2}L_{ms} & -\dfrac{1}{2}L_{ms} & L_{ms} + L_{ls} \end{bmatrix} \tag{3-29}$$

$$L_{rr} = \begin{bmatrix} L_{mr} + L_{lr} & -\dfrac{1}{2}L_{mr} & -\dfrac{1}{2}L_{mr} \\[2mm] -\dfrac{1}{2}L_{mr} & L_{mr} + L_{lr} & -\dfrac{1}{2}L_{mr} \\[2mm] -\dfrac{1}{2}L_{mr} & -\dfrac{1}{2}L_{mr} & L_{mr} + L_{lr} \end{bmatrix} \tag{3-30}$$

定子与转子的互感 L_{rs}、L_{sr}：

$$L_{rs} = L_{sr}^{\mathrm{T}} = L_{ms} \begin{bmatrix} \cos\theta & \cos\left(\theta - \dfrac{2\pi}{3}\right) & \cos\left(\theta + \dfrac{2\pi}{3}\right) \\[2mm] \cos\left(\theta + \dfrac{2\pi}{3}\right) & \cos\theta & \cos\left(\theta - \dfrac{2\pi}{3}\right) \\[2mm] \cos\left(\theta - \dfrac{2\pi}{3}\right) & \cos\left(\theta + \dfrac{2\pi}{3}\right) & \cos\theta \end{bmatrix} \tag{3-31}$$

3）电磁转矩方程

$$\begin{aligned} T_e = -pL_{ms}\Big[&(i_{sA}i_{ra} + i_{sB}i_{rb} + i_{sC}i_{rc})\sin\theta \\ &+ (i_{sA}i_{rb} + i_{sB}i_{rc} + i_{sC}i_{ra})\sin\left(\theta + \frac{2\pi}{3}\right) \\ &+ (i_{sA}i_{rc} + i_{sB}i_{ra} + i_{sC}i_{rb})\sin\left(\theta - \frac{2\pi}{3}\right) \Big] \end{aligned} \tag{3-32}$$

4）运动方程

$$T_m + T_e - \mu\omega = J\frac{\mathrm{d}\omega}{\mathrm{d}t} \tag{3-33}$$

式中，T_m 为 DFIG 的等效机械转矩；J 为机组的转动惯量；μ 为与转子转速成正比的阻转矩阻尼系数。

设定三相电源对称，异步发电机的三相数学模型中存在约束条件：

$$\begin{cases} \psi_{sA} + \psi_{sB} + \psi_{sC} = 0 \\ i_{sA} + i_{sB} + i_{sC} = 0 \\ u_{sA} + u_{sB} + u_{sC} = 0 \end{cases} \tag{3-34}$$

$$\begin{cases} \psi_{ra} + \psi_{rb} + \psi_{rc} = 0 \\ i_{ra} + i_{rb} + i_{rc} = 0 \\ u_{ra} + u_{rb} + u_{rc} = 0 \end{cases} \tag{3-35}$$

经过三相静止坐标系至 $\alpha\beta$ 两相静止坐标系变换，再将 $\alpha\beta$ 坐标旋转变换到 dq 两相旋转坐标系，即 3s/2r 变换，通过 3s/2r 变换实现 ψ、i、u 变量的解耦。定子 ABC 三相静止坐标以同步转速 ω_1 旋转变换到 dq 两相旋转坐标系，采取变换前后功率不变的原则，变换矩阵系数为 $C_{ABC/2r}$（或 $C_{3s/2r}$），$\theta_1 = \omega_1 t$。转子 abc 三相静止坐标系以转速 ω 旋转，变换矩阵的系数为 $C_{abc/2r}$，$\theta = \omega t$。

$$C_{ABC/2r} = \sqrt{\frac{2}{3}}\begin{bmatrix} \cos\theta_1 & \cos\left(\theta_1 - \frac{2\pi}{3}\right) & \cos\left(\theta_1 + \frac{2\pi}{3}\right) \\ -\sin\theta_1 & -\sin\left(\theta_1 - \frac{2\pi}{3}\right) & -\sin\left(\theta_1 + \frac{2\pi}{3}\right) \end{bmatrix} \tag{3-36}$$

$$C_{abc/2r} = \sqrt{\frac{2}{3}}\begin{bmatrix} \cos\theta & \cos\left(\theta - \frac{2\pi}{3}\right) & \cos\left(\theta + \frac{2\pi}{3}\right) \\ -\sin\theta & -\sin\left(\theta - \frac{2\pi}{3}\right) & -\sin\left(\theta + \frac{2\pi}{3}\right) \end{bmatrix} \tag{3-37}$$

坐标变换矩阵采用恒功率正交变换矩阵，通过 3s/2r 变换，可得双馈式发电机在同步旋转参考坐标系中的电压方程、磁链方程、电磁转矩、运动方程的数学模型。

（1）电压方程

$$\begin{bmatrix} u_{sd} \\ u_{sq} \\ u_{rd} \\ u_{rq} \end{bmatrix} = \begin{bmatrix} -R_s & 0 & 0 & 0 \\ 0 & -R_s & 0 & 0 \\ 0 & 0 & R_r & 0 \\ 0 & 0 & 0 & R_r \end{bmatrix}\begin{bmatrix} i_{sd} \\ i_{sq} \\ i_{rd} \\ i_{rq} \end{bmatrix} + \frac{\mathrm{d}}{\mathrm{d}t}\begin{bmatrix} \psi_{sd} \\ \psi_{sq} \\ \psi_{rd} \\ \psi_{rq} \end{bmatrix} + \begin{bmatrix} -\omega_1\psi_{sq} \\ \omega_1\psi_{sd} \\ -(\omega_1 - \omega)\psi_{rq} \\ (\omega_1 - \omega)\psi_{rd} \end{bmatrix} \tag{3-38}$$

将式(3-38)与三相静止坐标系电压方程式(3-26)、式(3-27)相比,两者相差 $[-\omega_1\psi_{sq} \quad \omega_1\psi_{sd} \quad -(\omega_1-\omega)\psi_{rq} \quad (\omega_1-\omega)\psi_{rd}]^{\mathrm{T}}$。定子和转子等效到两相旋转坐标系时,绕组相对于磁场一直处于运动状态,在转子和定子上都会感应出电动势,定子的磁场是以 ω_1 角频率旋转,转子励磁电流产生的磁场是以 $\omega_1-\omega$ 角频率旋转的。

(2)磁链方程

$$\begin{bmatrix} \psi_{sd} \\ \psi_{sq} \\ \psi_{rd} \\ \psi_{rq} \end{bmatrix} = \begin{bmatrix} -L_s & 0 & L_m & 0 \\ 0 & -L_s & 0 & L_m \\ -L_m & 0 & L_r & 0 \\ 0 & -L_m & 0 & L_r \end{bmatrix} \begin{bmatrix} i_{sd} \\ i_{sq} \\ i_{rd} \\ i_{rq} \end{bmatrix} \tag{3-39}$$

式中, L_s 为定子绕组的自感, $L_s = \dfrac{3}{2}L_{ms} + L_{ls}$, L_{ls} 为定子绕组的漏感; L_r 为转子两相绕组的自感, $L_r = \dfrac{3}{2}L_{mr} + L_{lr}$, L_{lr} 为转子绕组的漏感; L_m 为定子绕组与转子绕组间的互感, $L_m=1.5L_{ms}$ 。

(3)电磁转矩和运动方程。

两相旋转坐标系 DFIG 的电磁转矩方程为

$$T_e = pL_m(i_{sq}i_{rd} - i_{sd}i_{rq}) \tag{3-40}$$

两相旋转坐标系 DFIG 的运动方程和三相静止坐标下的方程相同,同式(3-33)。

4. DFIG 的系统控制

基于 DFIG 的风力发电系统控制,主要由变流器控制(转子转速和励磁控制)、变桨控制、储能系统控制和用电负荷控制等功能模块组成。其中,变桨控制、转子转速和励磁控制直接决定 DFIG 的运行特性。以电压定向的 DFIG 控制系统框图如图 3-23 所示。

通过对桨距角 β 的控制,DFIG 可以根据电能需求实现对风能的最佳利用。当风光储微电网孤岛运行时,DFIG 根据微电网中的储能和用户负荷容量,通过调整桨距角,实现微电网的能量守恒。当微电网并网运行时,在主电网能够接纳风能发电功率的范围之内,DFIG 切换到捕捉最大风能的控制方式,实现风能的最大利用。

DFIG 发电系统特点主要有:①连续变速运行,风能转换率高,改善了作用于风轮桨叶上机械应力的状况,降低了桨距控制的动态响应要求。②变流器成本相对较低,电能质量好(输出功率平滑,功率因数高),无冲击电流,并网简单。③双向变流器的结构和控制较复杂,电刷与滑环间存在机械磨损。

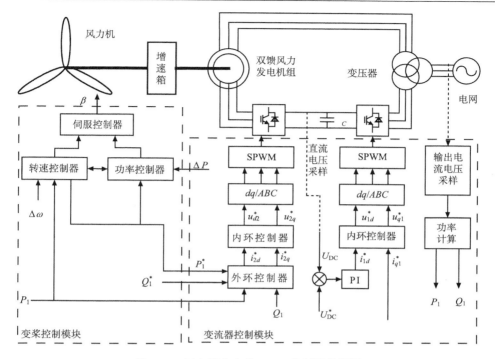

图 3-23　以电压定向的 DFIG 控制系统框图

思 考 题

1. 解释风能利用系数、叶尖速比、贝兹极限几个概念。

2. 解释切入风速、切出风速、额定风速几个概念。

3. 比较定桨距风力机和变桨距风力机的优缺点。

4. 绕线型电机的滑环起什么作用？

5. 为何要对风力发电系统的安全性能分级？按什么原则分级？

6. 图 3-7 中的转子是内转子，如果改为外转子或盘式转子，分析永磁同步发电机的工作过程。

7. 风能的最大功率跟踪有哪几种典型的控制方法？应该在风力发电机工作风速的哪个阶段调节？

8. 分析直驱永磁同步发电机不可控整流方式变流电路的工作原理和各元器件的作用。

9. 双馈风力发电机(DFIG)中"双馈"的含义是什么？

第 4 章　储能子系统

4.1　储能子系统结构

储能子系统是孤岛运行微电网的重要组成部分，其主要作用是通过控制自身充放电来调节微电网系统中的功率、平抑系统功率波动。同时储能子系统惯性能力强，可以作为主用的分布式电源，为孤岛运行的微电网提供电压和频率的支撑。

储能子系统主要由三部分组成：储能蓄电池、储能变流器、电池管理系统BMS。

4.1.1　储能子系统接入电网

储能子系统与电网的连接方式分为直流接入、交流接入和混合接入。

直流接入是指储能子系统作为一个单独的分布式电源通过直流母线与风力发电子系统、光伏发电子系统汇流，汇流后的电能逆变为交流电并网。

交流接入是指风力发电子系统、光伏发电子系统、储能子系统通过各自的逆变器转变为交流并入电网，拓扑结构如图 1-5 所示。在主从结构的微电网中，当储能子系统作为微电网的主控分布式电源使用时，图 1-5 的拓扑结构使用较多。

混合接入是指"光伏发电子系统+储能蓄电池"和"风力发电子系统+储能蓄电池"分别接逆变器后并入电网，拓扑结构如图 4-1 所示。

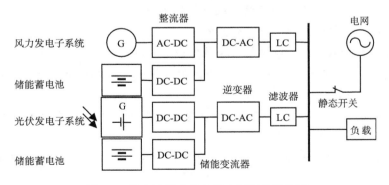

图 4-1　蓄电池混合接入微电网拓扑结构图

4.1.2　蓄电池组接入储能子系统

蓄电池组是由多个单体蓄电池连接组成的，单体蓄电池或称为电芯(Cell)。蓄电池组的连接可分为集中式和组串式连接。

1. 集中式连接

储能子系统中包含一个容量庞大的蓄电池组，只有一台大功率集中式的储能变流器及电池管理系统，集中式储能拓扑结构图如图 4-2 所示。

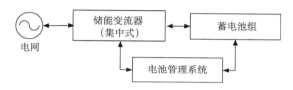

图 4-2　集中式储能拓扑结构图

集中式储能变流器具备系统复杂度低、易于控制、效率高、单位成本低等优点，是目前最主流的系统结构。其缺点是难以灵活地扩充或减小系统的容量。

2. 组串式连接

在风光储微电网中，当光伏发电子系统和风力发电子系统的装机容量较大时，需要配置大容量的储能子系统。由于半导体开关器件耐压值和耐流值有限，通常情况下不能仅配置一个储能变流器，而是采用多个储能变流器，形成多组蓄电池组供电运行。在蓄电池组连接时，一种常用的方法是组串式连接。

组串式连接的储能子系统，包含了多个蓄电池组，以及多台中小功率的变流器和电池管理系统，如图 4-3 所示。

蓄电池组的组串式连接，具有灵活地扩充或者缩小系统总容量的优点。但组串式连接的缺点是：结构较

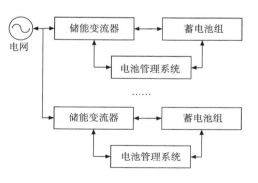

图 4-3　组串式连接的储能子系统

为复杂，在运行过程中储能变流器需要控制蓄电池的输出功率按照其额定容量做功率分配。

4.1.3 蓄电池的连接

在进行蓄电池系统设计时，根据微电网的总体设计要求选择单体蓄电池的连接，而单体蓄电池与单体蓄电池之间的连接方法和工艺根据电池类型来确定。

单体蓄电池的连接，大体上有串联、并联、混合连接三种形式。

(1) 串联连接。单体蓄电池串联连接是一种较常见和简单的方式，但任何一个单体蓄电池失效，都将导致系统不能正常工作。

(2) 并联连接。两个单体蓄电池都可以单独地实现供电的功能，而且两个单体蓄电池中任何一个出现故障，出故障的单体蓄电池按照自动(或手动)方式与供电的输入、输出端断开，同时接入另一个互为备份的单体蓄电池。采用并联运行代替串联运行是提高蓄电池组可靠性的根本方法，但其成本高于串联运行的系统。

(3) 混合连接。实际工程中，为了在成本和可靠性之间求得平衡，单体蓄电池串联和并联同时使用，形成混合连接。混合连接比串联连接可靠性高，比并联连接简单。

蓄电池组是由多个单体蓄电池串并联组装而成的，并且加入了保护线路板，用外壳包装成一体，能够直接提供电能。采用先并联后串联的方式组成蓄电池组，其可靠度比先串联后并联的方式高。如果考虑到单体蓄电池的不均匀性，这种先并联后串联的连接方式对防止出现两组蓄电池组偏流有利。

当单体蓄电池组装时，无论用激光焊焊接、电阻焊焊接还是螺栓机械锁紧，都必须保证成组后的电池极柱接触电阻小、抗振动、牢靠程度高。在不同的蓄电池子系统设计需求中，其体积比能量、质量比能量以及体积比功率等都会与蓄电池组中单体蓄电池的连接结构有关。

4.2 蓄　电　池

4.2.1 锂离子蓄电池特性

进入 21 世纪以来，蓄电池主流产品从铅酸电池、镍氢电池，发展到现在流行的锂离子蓄电池，储能蓄电池的发展速度非常快。

锂离子蓄电池从应用角度分类，可以分为单体蓄电池和蓄电池模块组件两类。

单体蓄电池又有多种分类方法：按照外部形状主要分为圆柱形单体蓄电池和方形单体蓄电池；按照外壳材质可分为金属壳(钢壳或铝壳)和铝塑膜封装(聚合物锂电池)单体蓄电池；按照极柱类型不同可以分为外螺纹型极柱、内螺纹型极柱、平台型极柱以及铝镍长条形极耳单体蓄电池。锂离子单体蓄电池的内部由正极群、负极群、多孔性隔膜、外壳、电解液、排气阀 6 个主要组件组成，正极材料有磷酸铁锂、钴酸锂、锰酸锂、三元、高镍三元等多种材料，负极材料多采用石墨。

　　蓄电池模块组件包括单体蓄电池、上盖及侧板、绝缘罩、隔热棉、连接线束、底部绝缘膜、螺钉等。有的蓄电池模块组件将蓄电池保护电路、散热等功能也集成一体。

　　锂离子蓄电池从应用角度需要特别注意的特性是热特性、过充电和过放电特性。

　　(1)热特性。锂离子蓄电池在充放电过程中都会发生一系列化学反应，从而产生热反应，主要产热反应包括电解液分解、正极分解、负极与电解液的反应、负极与黏合剂的反应和固体电解质界面膜的分解。此外，由于锂离子蓄电池内阻的存在，电流通过时，会产生热量。这些热量是导致蓄电池不安全的主要因素，因此，温度直接影响锂离子蓄电池的安全性能。

　　(2)过充电和过放电。因普通电解质在电压高于 4.5V 时会分解，在过高的电压或者过充电时，可能导致锂离子蓄电池正极材料失去活性，降低蓄电池的化学反应能力，并产生大量的热。过低的电压或者过放电会导致锂离子蓄电池中电解液分解，产生可燃气体进而导致潜在安全风险。

4.2.2　锂离子蓄电池模型

　　锂离子蓄电池的数学模型有很多种，如内阻模型、戴维南等效电路模型、谢菲尔德(Shepherd)模型、PNGV 等效电路模型、二阶 RC 等效电路模型、四阶等效电路模型等。在储能子系统分析中，用的较普遍的是谢菲尔德模型(图 4-4(a))。如果主要做锂离子蓄电池定性分析，可以用简化的内阻模型。如果重点分析锂离子蓄电池的瞬态和稳态过程，可以用二阶 RC 等效电路模型(图 4-4(b))。

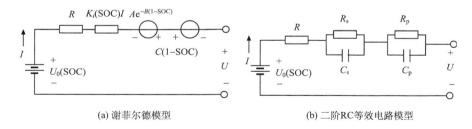

(a) 谢菲尔德模型　　　　　　　　　(b) 二阶RC等效电路模型

图 4-4　蓄电池模型图

　　在图 4-4 中，R 表示内阻，$U_0(\text{SOC})$ 表示开始放电时的开路电压，U 为锂离子蓄电池端电压，I 为放电电流，SOC 是指锂离子蓄电池的荷电状态(State of Charge)。当锂离子蓄电池使用一段时间后，锂离子蓄电池的剩余容量与其完全充电状态时容量的比值就是SOC。SOC常用百分数表示，取值范围为0～1。当SOC=0时，表示锂离子蓄电池完全放电；当SOC=1时，表示蓄电池完全充电。

在谢菲尔德模型中， $Ae^{-B(1-SOC)}$ 用于校正开始放电时电压的快速降落， $C(1-SOC)$ 用于校正由电解液浓度变化引起的输出电压变化，$K_i(SOC)I$ 用于校正由蓄电池极板通道引起的输出电压变化。参数 A、B、C、K_i 是模型参数，可以通过实验数据得到。R 为定值，则输出电压估算方程为

$$U = U_0(SOC) - RI - K_i(SOC)I + Ae^{-B(1-SOC)} - C(1-SOC) \tag{4-1}$$

如果不考虑电解液浓度的变化特性，而且不考虑锂离子蓄电池板级通道变化的情况下，参数 $A=B=C=0$， $K_i=0$，则式(4-1)简化为内阻模型。

在二阶 RC 等效电路模型中，C_s、C_p、R_s、R_p 是暂态串、并联等效电容、电阻，得到锂离子蓄电池的数学模型如下。

开路电压

$$U_0(SOC) = a_0 e^{-a_1 SOC} + a_2 + a_3 SOC - a_4 SOC^2 + a_5 SOC^3 \tag{4-2}$$

内阻

$$R = b_0 e^{-b_1 SOC} + b_2 + b_3 SOC - b_4 SOC^2 + b_5 SOC^3 \tag{4-3}$$

工作电压

$$U = U_0(SOC) - I\left(R + \frac{R_s}{1 + R_s j\omega C_s} + \frac{R_p}{1 + R_p j\omega C_p} \right) \tag{4-4}$$

二阶RC等效电路模型中的荷电态SOC可由式(4-5)计算，阻容参数 C_s、C_p、R_s、R_p 可由式(4-6)计算。

$$SOC = SOC_0 - \frac{\int I(t)dt + Q_u(t)}{Q_0} \tag{4-5}$$

$$\begin{cases} R_s = c_0 e^{-c_1 SOC} + c_2 \\ C_s = d_0 e^{-d_1 SOC} + d_2 \\ R_p = e_0 e^{-e_1 SOC} + e_2 \\ C_p = f_0 e^{-f_1 SOC} + f_2 \end{cases} \tag{4-6}$$

在式(4-5)中，SOC_0 是SOC的初始值，Q_0 为蓄电池的额定容量，$Q_u(t)$ 为蓄电池的不可用容量。在式(4-2)、式(4-3)、式(4-6)中，$a_0 \sim a_5$、$b_0 \sim b_5$、$c_0 \sim c_2$、$d_0 \sim d_2$、$e_0 \sim e_2$、$f_0 \sim f_2$ 为系数(通过实验测试获得)。

以下分析锂离子蓄电池串联、并联、组串连接时的SOC特性。

1) 锂离子蓄电池串联

在实际使用中，锂离子蓄电池的工作特性是不同的，锂离子蓄电池串联的蓄电池组的工作状态，由性能最差的单体锂离子蓄电池决定。

在放电运行时，各锂离子蓄电池的放电电流和放电时间是相同的，但是由于锂离子蓄电池的工作特性不一致，容量最小的单体锂离子蓄电池将会提前达到截止电压而停止工作，进而导致整条支路停止工作，因此实际蓄电池组的总电压等于性能最差锂离子蓄电池达到截止电压时的各蓄电池电压之和，蓄电池组的荷电态 SOC_s 等于性能最差蓄电池的荷电态。

$$SOC_s = \min(SOC_1, SOC_2, \cdots, SOC_n) \tag{4-7}$$

2) 锂离子蓄电池并联

锂离子蓄电池的端电压是相同的，而并联后蓄电池组的电流等效为各条支路电流之和，任意一条支路的锂离子蓄电池达到截止电压停止放电时，并不会影响其他蓄电池放电，因此蓄电池组的放电电荷应等于各条支路放电电荷之和。

$$SOC_p = SOC_{p0} - \frac{\sum_{i=1}^{n} \int I_i(t)\mathrm{d}t}{\sum_{i=1}^{n} Q_{0i}} \tag{4-8}$$

式中，SOC_p 为并联型锂离子蓄电池组的荷电态；SOC_{p0} 为 SOC_p 的初始值；Q_{0i} 为第 i 个锂离子蓄电池的额定容量；I_i 为第 i 个锂离子蓄电池放电电流。

3) 锂离子蓄电池的组串连接

组串型蓄电池组可以拆分为串联型蓄电池组和并联型蓄电池组，因此建立组串方式连接的蓄电池组 SOC 模型 SOC_m，实质同建立串联型蓄电池组和并联型蓄电池组的模型。SOC_m 模型近似为

$$SOC_m = SOC_{m0} - \frac{\sum_{i=1}^{N_p} \int I_i'(\tau)\mathrm{d}\tau}{N_s N_p Q_0} \times 100\% \tag{4-9}$$

式中，SOC_{m0} 为 SOC_m 的初始值；I_i' 为第 i 组串锂离子蓄电池的放电电流；N_s 与 N_p 分别为蓄电池串联和并联的个数；Q_0 为锂离子蓄电池的额定容量。

考虑温度变化对蓄电池组 SOC 的影响，以 25℃时特性作为参考，设置其补偿因子，需要重新修正蓄电池模型，在此不作讨论。

4.2.3　蓄电池组设计的注意事项

1. 考虑微电网的结构

要考虑多种能源互补，优化系统架构，仔细选择蓄电池的类型、比能量等，

如功率型/能量型、大容量/小容量、铅酸/锂离子蓄电池。

2. 考虑微电网电压波动

考虑正常运行情况下负荷的变化以及其他因素引起的电压波动，合理设计蓄电池组结构和连接，合理设计蓄电池组的额定电压、容量等。蓄电池组的设计需要综合考虑蓄电池的充放电电压上下限、储能变流器的直流输入端电压范围、场地限制等多方面因素。

3. 考虑蓄电池特性

考虑蓄电池的充放电速率、温度特性、自放电特性、均衡特性、维护特性等。

单体锂离子蓄电池标称电压为3.6～3.7V（单体磷酸铁锂蓄电池电压为3.2V），标准充放电倍率一般为0.3～0.5C，长时间最大允许放电倍率可以达到1～3C，瞬时放电倍率可以达到2～5C，C为蓄电池容量的安时数。

还需要有均衡充电的理念。为了保证储能子系统运行寿命长和效率高，除了生产时的质量控制外，在系统设计上要采用均衡充电设计，检测到单体蓄电池间的压差出现异常后，对每一个单体蓄电池精确地实行均衡控制。

4. 考虑经济效益

配置储能系统时，蓄电池的容量并非越大越好。传统的蓄电池容量配置，由分布式电源发电量、用户耗电量两者之差确定，如年能量平衡法、（月）盈亏平衡法、基本负荷连续供电保障法、负荷失电率等。不同的方法，获得的蓄电池容量配置不同。

由于不同容量、不同性能蓄电池的价格不同，配置蓄电池组时需要仔细优化，既要能满足负载需求，又要使蓄电池组的容量最小，达到蓄电池组的功率值、容量值、运行寿命及经济性最优。

蓄电池的运行寿命受多种因素影响，如系统运行方式、储能充放电策略、充放电深度等，运行寿命与储能子系统的经济性密切相关。

4.3　储能变流器

4.3.1　储能变流器结构

与储能蓄电池配套的电力电子装置，称储能变流器（Power Conversion System，PCS），由一级式的"桥式电路"或者两级式的"双向 DC-DC 电路和桥式电路"构成主电路，控制电路完成切换储能变流器的工作。

　　双向 DC-DC 电路要求电能双向流动，既能充电又能放电。因为蓄电池的出口电压常常无法满足逆变器直流侧输入电压的要求，所以需要一个双向 DC-DC 电路，以便对蓄电池的输出电压进行升压，或者在蓄电池充电时进行降压控制。双向 DC-DC 电路具有开关器件总体数量少、体积小、重量轻、成本低、高效率、动态性能好等优势。

　　如果桥式电路中的电力器件使用全控型，那么桥式电路可以作为双向电路使用。在全桥电路桥臂的两端输入直流，SPWM 控制开关器件，在桥臂的中点可以获得交流电。在全桥电路桥臂的中点输入交流电，控制开关器件，在全桥电路的桥臂两端可以输出直流电。

4.3.2　双向 DC-DC 电路

　　双向 DC-DC 电路的构成方法，可以由单向 DC-DC 电路演变而来，就是在原单向 DC-DC 电路的电力电子开关管上反并联开关二极管，在二极管上反并联开关管。

　　按输入和输出之间是否有电气隔离，双向 DC-DC 电路有隔离型和非隔离两类，由于隔离型电路有隔离变压器，增加了成本、降低了效率，在微电网中主要用非隔离型双向 DC-DC 电路。

　　非隔离型双向 DC-DC 电路有 Bi-Buck-Boost、Bi-Buck/Boost、Bi-Cuk 等电路，这类电路能实现电流的双向流动，不改变电压的极性，故称为电流双向 DC-DC 电路，即在电流-电压(电流横轴、电压纵轴)为坐标的平面内，仅电流可正可负，电路工作在第 I 和第 II 象限。电压双向 DC-DC 电路则只能实现电压极性的变换，电流方向不变，电压双向 DC-DC 电路工作在电流-电压平面的第 I 和第 IV 象限。桥式双向 DC-DC 电路既能实现电流的正与负，也能改变输出电压的极性，为四象限 DC-DC 电路。

　　桥式双向 DC-DC 电路有半桥型、全桥型、半桥级联型等电路，半桥型、全桥型、半桥级联型双向 DC-DC 电路的原理图如图 4-5 所示。

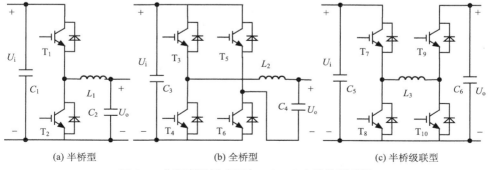

(a) 半桥型　　　　　　　　　(b) 全桥型　　　　　　　　　(c) 半桥级联型

图 4-5　非隔离型桥式双向 DC-DC 电路的原理图

图 4-5 是二电平变流器，增加输出电平数的三电平双向 DC-DC 电路又有多种拓扑结构，其中两种典型的结构为输入输出共地式与输入输出不共地式，如图 4-6 所示。

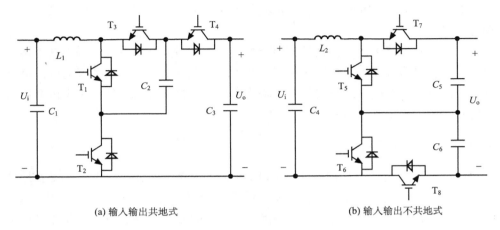

(a) 输入输出共地式　　　　　　　　　　(b) 输入输出不共地式

图 4-6　三电平双向 DC-DC 电路的拓扑结构

4.3.3　工作模式

储能变流器有两种工作模式，即储能模式和发电模式。一般交流母线电压高，双向 DC-DC 电路在储能模式使用 Buck 电路，在发电模式使用 Boost 电路。

风光储微电网中，图 4-7 是一个典型的两级式储能变流器的结构，该系统主要包括储能蓄电池、双向 DC-DC 电路、桥式电路、LC 滤波电路。

储能变流器是蓄电池与电网之间的桥梁，当储能子系统工作在储能模式时，桥式电路将电网的交流电转变为直流电给蓄电池充电，桥式电路具有整流功能；而当储能子系统工作在发电模式时，桥式电路将蓄电池的直流电转变为交流电进行并网发电，桥式电路具有逆变功能。

当储能子系统工作在储能模式时，为简化控制，可以全部关闭三相桥式电路的开关管（$T_1 \sim T_6$），形成三相二极管整流器。三相二极管整流器输出电压波形在一个周期内脉动 6 次，每次脉动完全相同。二极管整流器输出的直流电压平均值 U_{dc} 为

$$U_{dc} = \frac{3}{\pi} \int_0^{\frac{\pi}{3}} \sqrt{6} U_{ac} \sin \omega t \, \mathrm{d}(\omega t) \approx 2.34 U_{ac} \tag{4-10}$$

式中，U_{ac} 表示交流侧输入相电压的有效值。

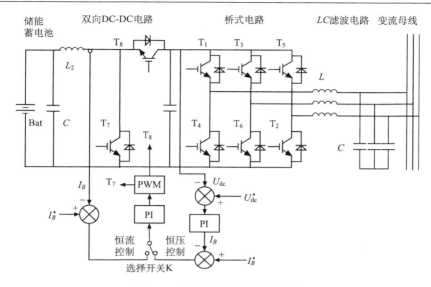

图 4-7　两级式储能变流器结构

当储能子系统工作在储能模式时，T_7 截止，T_8 用 PWM 信号控制，构成降压电路。当储能子系统工作在发电模式时，T_8 导通，T_7 用 PWM 信号控制，构成升压电路。

蓄电池的充放电方式有很多种，包括恒流充放电、恒压充放电、限压限流充放电控制等。设 D 为 PWM 信号的占空比，通过改变 D 实现充放电电压和电流的改变。

双向 DC-DC 电路采用开环控制，工作在稳压充放电方式，直接或查表设定 D 即可。蓄电池储能时，蓄电池两端的充电电压 U_{dcc}：

$$U_{dcc} = DU_{dc} \tag{4-11}$$

式中，U_{dc} 为网侧变流器(整流器)输出的直流电压平均值。

蓄电池放电时，桥式电路($T_1 \sim T_6$)输入的直流电压(即升压电路的输出电压) U_{dcd}：

$$U_{dcd} = \frac{1}{1-D} U_B \tag{4-12}$$

式中，U_B 是蓄电池电压。

双向 DC-DC 变流器也可以采用闭环控制，系统结构如图 4-7 所示，有恒流、恒压两种控制方法(对应图 4-7 中开关 K 的两个位置)，外环采用电压控制、内环采用电流控制的闭环结构。I_B、I_B^* 分别是充放电电流值、恒流参考值，U_{dc}、U_{dc}^* 分别是充放电直流电压值、额定直流电压参考值(U_{dc} 与 U_{dcd} 相同)。

4.4　电池管理系统

4.4.1　功能与黑启动

电池管理系统(Battery Management System，BMS)用来实时检测蓄电池的状态。电池管理系统一般具备蓄电池荷电状态估计、参数检测、充放电管理、安全管理 4 类功能。另外，有的 BMS 配合微电网控制器还有黑启动(Black-Start)功能，黑启动使微电网在全网失电情况下能安全生产自救，符合电网发展的需求。

(1)蓄电池荷电状态的估计。SOC 或放电深度(Depth of Discharge，DOD)反映蓄电池组的剩余容量，电池管理系统估计蓄电池的荷电状态。

(2)蓄电池参数检测。蓄电池检测参数包括总电压、总电流、单体蓄电池电压、温度(最好每串蓄电池、关键电缆接头等均有温度传感器)。

(3)充放电管理和均衡。蓄电池电压过低及电压过高都会对蓄电池造成永久性的损坏，甚至造成蓄电池起火爆炸。电池管理系统按照最优的充放电策略，实施对蓄电池的充放电管理。

因为串联蓄电池组中的每一个单体蓄电池在正常工作时，其 SOC 难以一致，造成了整个蓄电池组容量的木桶效应，所以需要蓄电池均衡。过高的蓄电池温度会引起蓄电池材料的分解，造成蓄电池的永久性损坏，且会导致安全隐患，因此电池管理系统具有均衡功能。

(4)安全管理。安全管理包括故障检测、安全保护功能。故障检测是指通过采集到的传感器信号，采用诊断算法诊断故障类型，并进行早期预警。蓄电池故障是指蓄电池组本身、高压电回路、热管理等子系统的故障。蓄电池组本身故障是指过压(过充)、欠压(过放)、过电流、超高温、内短路故障、接头松动、电解液泄漏、绝缘能力降低等故障。

黑启动是指整个系统因故障停运后，系统全部停电，处于全"黑"状态，不依赖其他网络帮助，通过微电网系统中具有自启动能力的发电机组或蓄电池启动，带动无自启动能力的分布式电源，逐渐扩大系统恢复范围，最终实现整个系统的恢复。

黑启动实现的关键是首选电源点的启动，因为储能子系统相比风光发电系统，具有电能稳定、启动速度快等优点，所以储能子系统成为黑启动电源的首选。利用蓄电池储存的电能量，完成微电网自启动，对内恢复风光发电子系统工作，对外配合电网调度恢复电网运行。

4.4.2　蓄电池荷电状态估计

目前，对 SOC 估计的研究已经基本成熟，SOC 估计主要分为两大类：一类为单一 SOC 估计，如安时积分法、开路电压(Open-Circuit Voltage，OCV)法、基于蓄电池模型的开路电压法、基于蓄电池性能的 SOC 估计法等；另一类为使用多种单一 SOC 算法的融合算法。

1. 安时积分法

安时积分法的估计算式为

$$\text{SOC}=\text{SOC}_0 - \frac{1}{C_n}\int_{t_0}^{t}\eta I\,\mathrm{d}\tau \tag{4-13}$$

式中，SOC 为荷电状态；SOC_0 为起始时刻 t_0 的荷电状态；C_n 为额定容量(蓄电池在标准状态下的容量，随寿命变化)；η 为库仑效率；I 为电流。放电时 η 为 1，充电时 η 小于 1；充电时 I 为负，放电时 I 为正。

安时积分法的主要优点是：在蓄电池 SOC_0 比较准确的情况下，在一段时间内精度较高，估算速度快。安时积分法的主要缺点是：蓄电池 SOC_0 是否精确，影响荷电状态的估计精度；库仑效率 η 受蓄电池的工作状态影响大(如荷电状态、温度、电流大小等)，η 难以准确测量，电流传感器精度和偏差会影响荷电状态的精度。

2. 开路电压法

锂离子蓄电池的荷电状态与锂离子在活性材料中的嵌入量有关，与静态热力学有关，因此充分静置后的 OCV 可以认为达到了平衡电动势，OCV 与荷电状态具有一一对应的关系，测量 OCV 成为估计荷电状态的一种有效方法。

开路电压法最大的优点是：荷电状态估计精度高、速度快。缺点是：需要将蓄电池长时静置达到平衡，蓄电池从工作状态恢复到平衡状态一般需要一定时间，与荷电状态、温度等状态有关，低温下需要数小时以上，所以该方法单独使用只适于离线状态，不适合动态估计。另外，有些蓄电池的 OCV 与充放电过程有关，如 $LiFePO_4/C$ 蓄电池，充电 OCV 与放电 OCV 曲线不同(有滞回)，并且充放电电压曲线比较平坦，因而 SOC 估计精度受到传感器精度的影响。

3. 基于蓄电池模型的开路电压法

通过蓄电池模型可以估计蓄电池的开路电压，再根据 OCV 与 SOC 的对应关系可以估计当前蓄电池的 SOC。对于这种方法，蓄电池模型的精度和复杂性非常重要。实用中，SOC 估计最常选择的蓄电池模型是等效电路模型。

如果确定一种蓄电池模型后，模型参数和 OCV 已知，通过实验得出的 OCV-SOC 查找表，可以容易地对应出蓄电池的 SOC。

4. 基于蓄电池性能的 SOC 估计法

基于蓄电池性能的 SOC 估计法包括放电测试法、交流阻抗法和直流内阻法。

放电测试法是在受控条件下（指定放电速率和环境温度）进行蓄电池放电测试，这是确定蓄电池 SOC 的最可靠方法。这个测试可以准确地计算蓄电池的剩余电量 SOC，但测试所消耗的时间相当长，并且在测试完毕后蓄电池里面的电量全部释放，因此这个方法只在实验室中用来标定验证蓄电池的标称容量，无法用于微电网的蓄电池电量状态估计。

交流阻抗法是通过交流阻抗谱与 SOC 的关系进行 SOC 估计。直流内阻法是通过直流内阻与蓄电池 SOC 的关系进行估计。

因为如下几个原因，交流阻抗法及直流内阻法一般仅用于蓄电池离线诊断：①采用交流阻抗的方法需要有信号发生器，会增加成本；②蓄电池交流阻抗谱或直流内阻与 SOC 关系复杂，影响因素多；③蓄电池内阻很小，很难获得准确值。

5. 融合算法

为提高 SOC 估计的准确性，可以将两种 SOC 估计方法融合起来。目前融合算法包括简单修正、加权、卡尔曼滤波（Kalman Filtering）、扩展卡尔曼滤波（EKF）等算法。

如加权融合算法是将不同方法得到的 SOC 按一定权值进行加权估计的方法。采用安时积分获得的 SOC_c 与采用一阶 RC 模型获得的 SOC_v 加权后估计 SOC，α 为权值，则

$$SOC = \alpha(SOC_c) + (1-\alpha)(SOC_v) \tag{4-14}$$

卡尔曼滤波是一种利用线性系统状态方程（通过系统输入输出观测数据），对系统状态进行最优估计的算法。由于观测数据中包括系统中的噪声和干扰的影响，所以最优估计也可看作滤波过程。卡尔曼滤波包括线性卡尔曼滤波（KF）、扩展卡尔曼滤波（EKF）、自适应卡尔曼滤波（AEKF）以及无迹卡尔曼滤波（UKF）等多种卡尔曼变形模式。

在单体蓄电池 SOC 都可以估计的条件下，可以得到电池组的 SOC 值。

在蓄电池串联条件下，也可以像单体蓄电池一样粗略地估计蓄电池组的 SOC，但考虑到蓄电池的均匀性，SOC 估计会略有不同。假设蓄电池组中每个

单体蓄电池的容量和 SOC 是已知的，有能量均衡装置，则串联蓄电池组的 SOC 估计：

$$SOC_s = \frac{\sum SOC_i \cdot C_i}{\sum C_i} \qquad (4-15)$$

式中，SOC_s 表示串联蓄电池组的 SOC；SOC_i 表示第 i 个单体蓄电池的 SOC；C_i 表示第 i 个单体蓄电池的容量。能量均衡装置只起到部分作用，SOC_s 还与平衡装置的实际性能有关。如果蓄电池没有均衡功能，则单体蓄电池中存在一部分无法利用的容量，并且随着单体蓄电池差异性的加剧，这种浪费的容量的比例会越来越大，串联蓄电池组的荷电状态 SOC_s 减小。

蓄电池组通常由多节单体蓄电池串并联组成，由于单体蓄电池之间存在不一致性，成组后的蓄电池荷电状态计算比较复杂。蓄电池组简化分析时，可以认为蓄电池组是具有高容量的单体蓄电池，并且由于并联的自平衡特性，可以像单个蓄电池一样估计蓄电池状态。

分析蓄电池组 SOC 估计的精度与误差，最直接的方法就是应用蓄电池 SOC 估计方法中的一种，分别估计单体蓄电池的 SOC，然后推导出蓄电池组的 SOC 值，计算出蓄电池组 SOC 估计的精度，但这种方法的计算量大，可适当地简化。

SOC 估算精度的主要影响因素有充放电电流、温度、蓄电池容量衰减、自放电、一致性等。大电流充放电时，可充放电容量低于额定容量，反之亦然。不同温度下蓄电池组的容量存在着一定的变化，蓄电池的容量在循环使用的过程中会逐渐减少，蓄电池组的一致性差别对电量的估算有重要的影响。另外，自放电大小与环境温度有关，具有不确定性。

对一些常用的 SOC 估计方法作计算量和误差比对，卡尔曼滤波等基于蓄电池模型的 SOC 估计方法精确可靠，是一种较优的 SOC 估计法。所以，这类 SOC 估计法配合开路电压法修正成为目前蓄电池 SOC 估计的主流方法。

4.4.3　蓄电池的均衡

均衡(Equalization)功能是 BMS 的控制电路作用于蓄电池组，起优化蓄电池的作用。其目的是保证单体蓄电池参数的一致性，实现单体蓄电池均衡充电，使蓄电池组中各个单体蓄电池都达到均衡一致的状态。

按照均衡控制方式划分，均衡控制分为主动均衡和被动均衡。如果按照均衡的功能来划分，可分为充电均衡、放电均衡和动态均衡。

1. 主动均衡

主动均衡（Active Equalization）利用单体蓄电池的容量或电压等参数的差异性进行均衡，消除其不一致性。采用电容、电感作为储能元件，主动均衡可以获得比较大的电流，均衡的效果比较明显。

主动均衡有能量转换式均衡和能量转移式均衡。能量转换式均衡由蓄电池组整体通过受控开关向电压偏低的单体蓄电池进行能量补充，或者由单体蓄电池向蓄电池组通过变压器进行能量转换。能量转移式均衡利用电感或电容等储能元件，把蓄电池组中容量高的单体蓄电池能量转移到容量较低的单体蓄电池上。

主动均衡的电路实现形式多种多样，有基于双向 DC-DC 变流器的、基于多抽头变压器的、基于电感或电容的均衡电路，图 4-8 为基于电感和电容的主动均衡电路原理图。

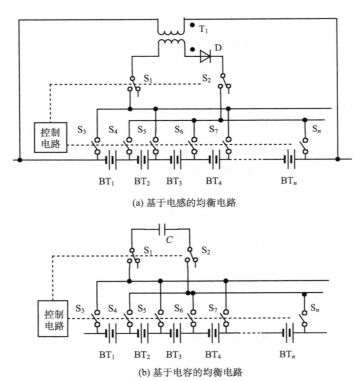

(a) 基于电感的均衡电路

(b) 基于电容的均衡电路

图 4-8　主动均衡电路原理图

2. 被动均衡

被动均衡(Passive Equalization)是用单体蓄电池并联电阻实现能量消耗的均衡方式，只能在充电过程中实现。被动均衡工作原理是：通过对单体蓄电池电压的采集，发现串联单体蓄电池之间的差异，以设定好的充电电压的上限阈值电压为基准，任何单体蓄电池只要在充电时最先达到上限阈值电压并检测出与相邻单体蓄电池有电压差异时，通过并联在单体蓄电池的电阻放电，以此类推，一直到电压最低的那只单体蓄电池到达上限阈值电压为一个平衡周期。

被动均衡方式的电路实现形式通常有两种：恒定分流电阻均衡电路(每个单体蓄电池始终都并联一个分流电阻)、带开关控制的分流电阻均衡电路，如图 4-9 所示。

将控制电路集成化，可以构成集成的蓄电池监视器及保护器电路，如 LTC3305、MAX14920/MAX14921 等。LTC3305 可以用来平衡 4 节 12V 串联铅酸蓄电池和一个辅助蓄电池两端的电压，利用陶瓷 PTC 热敏电阻控制平衡电流。MAX14920/MAX14921 是具有无源电池平衡功能的 16 节/+65V(最大)蓄电池监视器。

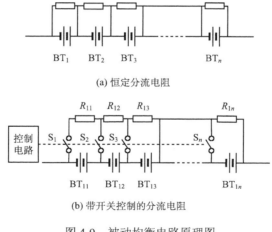

(a) 恒定分流电阻

(b) 带开关控制的分流电阻

图 4-9　被动均衡电路原理图

3. 主动均衡和被动均衡比较

主动均衡的主要优点是：能量利用率比被动均衡高。但主动均衡的缺点是：均衡电路需要变压器、电容、电感等器件，体积大、造价高。主动均衡适用于高串数、大容量的蓄电池组，没有得到普遍应用。

被动均衡的优点是：体积小、系统结构简单、造价低。被动均衡的缺点是：

受电阻发热的限制，均衡电流无法做大，效率低。需要定期对单体蓄电池进行维护来解决均衡不充分造成的单体蓄电池压差偏大问题。被动均衡适合于小容量、低串数的蓄电池组，在蓄电池组均衡要求一般或偏低的场合，会选择被动均衡系统，提高产品性价比。在传统能耗型 BMS 系统中，均衡方法主要以被动均衡为主。

4.4.4　蓄电池充放电方法

蓄电池充电方法主要是预充电、恒流充电、恒压充电、浮充电的组合。使用哪种充电方法是根据 SOC（或电压）来确定的，并需要对充电电压作温度补偿。温度补偿是根据蓄电池温度特性对充电电压进行关于温度的校正。

(1)预充电。如果蓄电池电压低于设定的电压值，充电周期首先进入预充电时间。

(2)恒流充电。只要蓄电池电压高于设定电压值，充电周期进入恒流充电，以最大的电流给蓄电池充电。

(3)恒压充电。当蓄电池在充电过程中，蓄电池电压达到设定值时，充电周期进入恒压充电。在恒压充电中，充电电压不变，充电电流就会由最大值慢慢减少，当充电电流减少到设定值时，蓄电池充满。

(4)浮充电(或连续充电)。当蓄电池充满电后，为了补充由于蓄电池自放电造成的容量损耗，改用小电流给蓄电池继续充电。

通常蓄电池充电的途径是，充电器中的控制单元，控制电力电子开关，调节 PWM 占空比，改变充电电压的大小。在预充电、恒流充电和浮充电的时候，充电器里的控制单元通过采集流过蓄电池的电流大小，确定输出电压。充电电压要略高于蓄电池电压，以克服内阻、线路、开关等带来的压降和损耗。

4.4.5　安全管理

蓄电池在使用时存在以下安全问题。

(1)过高温度下使用。从锂离子蓄电池负极 SEI 膜溶解开始，失去保护的负极与电解液反应放热，电解液分解放热，正极分解放热，这些热量积累起来，反应逐渐加剧，反应从单体蓄电池蔓延到附近单体蓄电池，直至整个蓄电池组，使整个蓄电池组升温，这就是热失控的过程。

(2)过低温度下使用。蓄电池组都会标注一个正常工作的温度范围，低于下限温度，蓄电池也是无法正常工作的。低温放电时，由于低温造成电解质活性降低，导电能力变差，进而导致放电能力变差。如果蓄电池强行低温充电，则会造成负极析锂问题，容量会受到永久损伤。

(3)过大倍率放电。超过单体蓄电池允许能力的大倍率放电，系统热量不能及时散去，热量积累，逐渐加大了热失控的风险。同时，过大倍率的放电，使得正极材料的锂离子嵌入过程超速进行，造成正极晶格坍塌，容量永久性损失。

(4)过充电过放电。蓄电池过充电过放电时，蓄电池内阻急剧升高，产生大量热，正负极的反应过程最终都容易走向热失控，造成整个蓄电池组失效。

为保证可靠应用，电池管理系统 BMS 的安全要求是多方面的，如具有以下一些典型的安全要求。

(1)BMS 的电安全管理应能实现蓄电池组的断电保护、过流断开保护、过放电保护、过充电保护等，能实现最高最低的充电和放电电压阈值设置，确保在达到电压阈值时，蓄电池组自动停止运行。

(2)BMS 的热安全管理能实现蓄电池工作温度阈值设置，防止温度过高，命令冷却系统、加热系统启停工作，防止过冷过热情况的出现。制冷措施有自然冷却、风冷、空调冷却等。

(3)BMS 必须满足耐振动、耐冲击、耐跌落、耐盐雾等要求，在发生碰撞的情况下关闭蓄电池。

(4)消防按照国标要求，BMS 配备烟雾报警器、喷射灭火剂、自动灭火器等。

(5)为满足防水、防尘要求，蓄电池组应满足一定的防护等级(Ingress Protection，IP)。

思 考 题

1. 储能子系统与风力发电子系统、光伏发电子系统有哪几种连接方式？画图说明。

2. 画出锂离子蓄电池的内阻(R_{int})电路模型图，写出输出电压的数学模型表达式。

3. 微电网储能子系统在蓄电池组设计时，要考虑哪些因素？

4. 以图 4-7 为基础，分析单相交流电与储能子系统之间储能变流器的工作原理。

5. 电池管理系统的主要功能有哪些？

6. 微电网中黑启动的含义是什么？

7. 列举几种常用的单一 SOC 状态估计的算法。

8. 蓄电池均衡控制的目的是什么？

9. 蓄电池的均衡控制如何分类？有哪些均衡方法？实现均衡时这些控制方法各有什么特点？

10. 锂离子蓄电池储能有哪些安全问题？可以采取哪些相应的安全措施？

第 5 章　微电网逆变器

5.1　逆变并网系统

5.1.1　分类

光伏逆变器、风能变流器、储能变流器都是基于电力电子电路的电能转换装置，其基本结构由直流侧输入电路、桥式电路、滤波器及测控电路组成，主要完成逆变的功能。

直流侧输入电路接收直流电能并将电压电流变换到合适的范围内，桥式电路完成直流-交流变换，滤波器改善输出电能质量，测控电路完成输出交流电和输入直流电的信号采集与处理。

根据输入电能特性的不同，逆变器分为电流型逆变器（Current-Source Inverter，CSI）、电压型逆变器（Voltage-Source Inverter，VSI）。工作在并网模式的逆变器常使用 CSI 型，逆变器向微电网注入电流。而工作在离网模式的逆变器常使用 VSI 型逆变器，可以保持输出电压和频率的稳定性。

根据交流电压输出电平(滤波器之前)的不同，逆变器可分为两电平和三电平两种结构。两电平结构逆变器，其交流输出电压只能输出$+U_{dc}$和$-U_{dc}$两种电平(U_{dc}为直流输入电压)。而三电平结构逆变器，可输出$+U_{dc}$、$-U_{dc}$以及 0 三种电平。因此，三电平相比于两电平结构，逆变器在正常工作时输出电压的基波分量更大。

根据逆变器中电力电子变换装置数量的不同，逆变器又可以分为单级、两级和多级三种类型。多级式逆变器的结构较为复杂，而且成本高；单级和两级式逆变器的结构简单，应用更广泛。

根据逆变器的输入和输出之间是否使用变压器电气隔离，分为有隔离(带高频变压器隔离、带工频变压器隔离)逆变器和无隔离的逆变器。表 5-1 为有隔离逆变器和无隔离逆变器的性能比较表。

表 5-1　有隔离逆变器和无隔离逆变器的性能比较

变压器	电气	结构	体积	重量	成本	效率	对电网干扰	应用
带高频变压器	隔离	复杂	中	中	中	低	小	小功率系统
带工频变压器	隔离	简单	大	重	大	中	小	中大功率系统
无隔离变压器	无隔离	简单	小	轻	小	高	大	中大功率系统

5.1.2　并网系统构成

根据使用单级、两级式逆变器的不同，将并网发电系统分成单级式并网系统、两级式并网系统。

1. 单级式并网系统

单级式并网系统是指直接通过逆变器将直流(如光伏阵列输出的直流电)变换成交流电，只存在逆变环节。

图 5-1 所示为单级式并网发电系统的拓扑结构，各种发电单元(对应 U_{dc})提供直流电能，交流电能汇入电网。并网系统包括网侧逆变器、滤波器(LC 电路)、断路器、传输线路。变压器可以接入也可以不接入，如果接入，该变压器为工频变压器，有变压器的发电系统并网时，对电网产生的冲击小。

近年来，为了抑制并网逆变器(主要是无隔离变压器的逆变器)对电网的干扰，一些新的拓扑结构被提出，如 HERIC、FBDC、H5、H6 结构等。

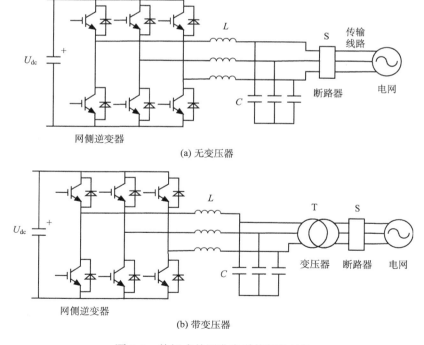

(a) 无变压器

(b) 带变压器

图 5-1　单级式并网发电系统拓扑结构

2. 两级式并网系统

两级式并网系统是指逆变器输入直流时，首先经过 DC-DC 斩波器进行电压幅值变换，然后通过逆变器将直流电变换成交流电，两级式并网发电系统如图 5-2 所示。斩波器可以采取多种变换电路实现，如采用基本斩波电路、复合斩波电路、多重多相斩波电路等。

(a) 无变压器　　　　　　　　　　　　　　　　(b) 变压器隔离

图 5-2　两级式并网发电系统

基本的斩波电路有 Buck、Boost、Cuk 斩波电路等多种。其中 Buck 电路只能降压，不能升压，电路的输入电流不连续，若不加入储能电容，则分布式电源（光伏、风力发电）的输出电流不连续。但是加入储能电容后，在大功率情况下，储能电容始终处于大电流充放电状态，对可靠性不利。通常光伏阵列、蓄电池组等发电单元的输出电压较低，经 Buck 电路后逆变器无法正常工作。因此，实际系统中一般选用 Boost 电路，既可以保证分布式电源始终工作在电流连续的状态，又可以保证逆变器输入电压在正常工作的范围内。

无论单级式并网系统还是两级式并网系统，其中逆变器的控制多采用闭环控制方式，常用的控制方式为直流电压/无功功率外环、电流内环控制的双环结构等。逆变器在并网运行时，对逆变器而言可将电网看作恒压源，逆变器的输出电流决定了输出功率的大小。如光伏发电子系统中，假设逆变器损耗忽略不计，则逆变器的输出功率等于光伏阵列的输出功率，控制并网电流的幅值即可达到控制光伏阵列输出功率的目的。对于单级式逆变器，在实际外环控制信号选择时，在光伏电压、功率一一对应的区间，可以选择逆变器的直流电压为给定信号，内环可以选择电流作为给定的控制信号，使光伏发电系统发出给定的有功功率和无功功率。对于两级式逆变器，控制系统可以将 DC-DC 和 DC-AC 独立控制（如单独控制 DC-DC 实现 MPPT 功能），系统控制功能分明、互不影响。

5.2　网侧逆变器模型

5.2.1　坐标变换

由于三相交流电在静止坐标系下的数学模型中包含时变的交流量，输出之间存在耦合，可以将三相静止坐标系转换到同步旋转坐标系，将交流量变换为直流量，实现控制上的解耦。如果用于电机，就是将交流电机的物理模型等效为直流电机的模型。

　　坐标变换的等效原则是在不同坐标系下产生的磁动势相同。功率不变约束条件，保持变换前后功率不变。平衡条件是指三相交流电对称。

　　图 5-3 为坐标变换图，图示为电流坐标变换，电压、电动势、磁链的坐标变换与电流坐标变换相同。

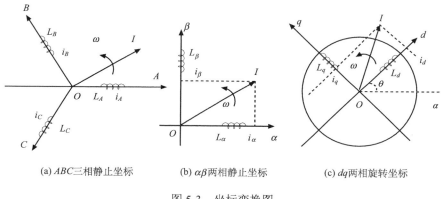

(a) ABC三相静止坐标　　　　(b) αβ两相静止坐标　　　　(c) dq两相旋转坐标

图 5-3　坐标变换图

1. 三相静止坐标与两相静止坐标变换

　　ABC 三相静止坐标到 αβ 两相静止坐标变换（也称为 Clark 变换），记为 3s/2s 变换（或 *ABC*/αβ 变换），将三相绕组等效为互相垂直的两相绕组，消除了三相绕组间的相互耦合。变换系数矩阵 $C_{3s/2s}$ 为

$$C_{3s/2s}=C_{2s/3s}^{-1}=\sqrt{\frac{2}{3}}\begin{bmatrix}1 & -\frac{1}{2} & -\frac{1}{2}\\ 0 & \frac{\sqrt{3}}{2} & -\frac{\sqrt{3}}{2}\end{bmatrix} \tag{5-1}$$

式中，$C_{2s/3s}$ 为两相静止坐标变换三相静止坐标的系数矩阵。

　　u、e、ψ、i 使用相同的变换系数矩阵。如 i 的坐标变换为

$$\begin{bmatrix}i_\alpha\\ i_\beta\end{bmatrix}=\sqrt{\frac{2}{3}}\begin{bmatrix}1 & -\frac{1}{2} & -\frac{1}{2}\\ 0 & \frac{\sqrt{3}}{2} & -\frac{\sqrt{3}}{2}\end{bmatrix}\begin{bmatrix}i_A\\ i_B\\ i_C\end{bmatrix} \tag{5-2}$$

根据图 5-3(b)，在极坐标系中，又可以得

$$\begin{bmatrix} i_\alpha \\ i_\beta \end{bmatrix} = I \begin{bmatrix} \cos \omega t \\ \sin \omega t \end{bmatrix} \tag{5-3}$$

2. 两相静止坐标与两相旋转坐标变换

将 $\alpha\beta$ 两相静止坐标系进行旋转得到 dq 两相旋转坐标系的变换，记为 2s/2r 变换(或 $\alpha\beta/dq$ 变换)。θ 为两相静止坐标系 α 轴与两相旋转坐标系 d 轴之间的夹角。变换系数矩阵为

$$C_{2s/2r} = C_{2r/2s}^{-1} = \begin{bmatrix} \cos \theta & \sin \theta \\ -\sin \theta & \cos \theta \end{bmatrix} \tag{5-4}$$

例如，i 的坐标变换为

$$\begin{bmatrix} i_d \\ i_q \end{bmatrix} = \begin{bmatrix} \cos \theta & \sin \theta \\ -\sin \theta & \cos \theta \end{bmatrix} \begin{bmatrix} i_\alpha \\ i_\beta \end{bmatrix} \tag{5-5}$$

$$\begin{bmatrix} i_\alpha \\ i_\beta \end{bmatrix} = \begin{bmatrix} \cos \theta & -\sin \theta \\ \sin \theta & \cos \theta \end{bmatrix} \begin{bmatrix} i_d \\ i_q \end{bmatrix} \tag{5-6}$$

根据图 5-3(c)，在极坐标系中，又可以得

$$\begin{bmatrix} i_d \\ i_q \end{bmatrix} = I \begin{bmatrix} \cos(\omega t - \theta) \\ \sin(\omega t - \theta) \end{bmatrix} \tag{5-7}$$

3. 三相静止坐标与两相旋转坐标的变换

ABC 三相静止坐标系到 dq 两相旋转坐标系的变换(也称为 Park 变换)，记为 3s/2r 变换(或 ABC/dq 变换)，可以通过 ABC 三相静止坐标系到 $\alpha\beta$ 两相静止坐标系、$\alpha\beta$ 两相静止坐标系到 dq 两相旋转坐标系的两次变换合成。变换系数矩阵为

$$C_{3s/2r} = C_{2s/2r} C_{3s/2s} \tag{5-8}$$

$$C_{3s/2r} = C_{2r/3s}^{-1} = \sqrt{\frac{2}{3}} \begin{bmatrix} \cos \theta & \cos(\theta - 120°) & \cos(\theta + 120°) \\ -\sin \theta & -\sin(\theta - 120°) & -\sin(\theta + 120°) \end{bmatrix} \tag{5-9}$$

4. 三相静止坐标到离散开关信号的变换

u_A、u_B、u_C 为三相桥式电路交流侧输出电压，U_{dc} 为三相桥式电路直流侧电压。S_a、S_b、S_c 为三相桥式电路三个桥臂的开关函数。

$$S_k = \begin{cases} 1 \\ 0 \end{cases} \quad (k = a, b, c) \tag{5-10}$$

$S_k=1$，桥臂的上开关管导通，下开关管关断；$S_k=0$，桥臂的上开关管关断，

下开关管导通。

$$\begin{bmatrix} u_A \\ u_B \\ u_C \end{bmatrix} = U_{dc} \begin{bmatrix} \dfrac{2}{3} & -\dfrac{1}{3} & -\dfrac{1}{3} \\ -\dfrac{1}{3} & \dfrac{2}{3} & -\dfrac{1}{3} \\ -\dfrac{1}{3} & -\dfrac{1}{3} & \dfrac{2}{3} \end{bmatrix} \begin{bmatrix} S_a \\ S_b \\ S_c \end{bmatrix} \tag{5-11}$$

也可由 $\begin{bmatrix} u_A & u_B & u_C \end{bmatrix}^{-1}$ 计算出 S_k 的值。

5.2.2　锁相环

锁相环 PLL（Phase-Locked Loop）是一个相位反馈自动控制系统，由以下三个基本部件组成：鉴相器（PD）、低通滤波器（LPF）和压控振荡器（VCO）。传统 PLL 原理方框图如图 5-4 所示。软件程序能实现 PLL 相同的功能，称软锁相环（Soft Phase-Locked Loop，SPLL），SPLL 原理图如图 5-5 所示。

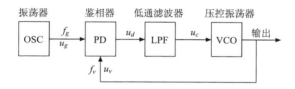

图 5-4　PLL 原理方框图

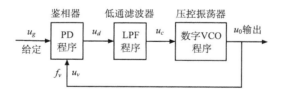

图 5-5　SPLL 原理图

锁相环 PLL 的工作原理：压控振荡器的输出频率经过采集（或采集分频值），和基准频率信号同时输入鉴相器，鉴相器通过比较上述两个信号的频率差，并将差值 u_d 输入低通滤波器转化为直流电压 u_c，直流电压 u_c 控制 VCO 改变输出频率，使 VCO 的输出频率稳定于某一期望值。软锁相环 SPLL 的工作原理与 PLL 工作原理相同，只是通过程序实现各模块的功能。

通常，三相电网电压是平衡的，交流电压只存在正序分量。此时，$\alpha\beta$ 两相静止坐标系和 dq 两相旋转坐标系中的实际电压矢量 U 和锁相环对应电压矢量 U_{pll}

位置如图 5-6 所示，其中 dq 坐标以 ω 的角速度逆时针旋转。

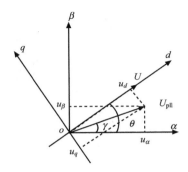

图 5-6　实际电压矢量和 PLL 对应电压矢量位置图

设定：U 为实际电压矢量，θ 为实际电压矢量 U 的角度（与 A/α 轴的夹角，A 轴、α 轴重合），U_{pll} 为锁相环对应电压矢量，γ 为锁相环对应电压矢量 U_{pll} 的角度。

以 dq 两相旋转坐标系中 d 轴定向实际电压矢量 U 方向，当锁相环处于准确锁相时，U_{pll} 和 U 应该是完全重合的，即 $\gamma = \theta$。而当电网电压相位突变瞬间，电压矢量 U_{pll} 和 U 的位置必将产生差异（γ 与 θ 不等），必须采取适当的闭环控制措施使锁相环的输出满足 $\gamma = \theta$。

锁相环的输出电压矢量 U_{pll} 经 3s/2s 变换后，可以解耦为 u_α 和 u_β 分量。由图 5-6 得

$$\begin{cases} \cos\gamma = \dfrac{u_\alpha}{\sqrt{u_\alpha^2 + u_\beta^2}} \\[3mm] \sin\gamma = \dfrac{u_\beta}{\sqrt{u_\alpha^2 + u_\beta^2}} \end{cases} \tag{5-12}$$

电压矢量 U 的相位角 θ 和 PLL 输出相位角 γ 之差的正弦值通过下式得到

$$\sin(\theta - \gamma) = \sin\theta\cos\gamma - \cos\theta\sin\gamma \tag{5-13}$$

$$\theta = \omega t \tag{5-14}$$

图 5-7 为单同步坐标系软锁相环（SSRF-SPLL）控制图，u_a、u_b、u_c 为输入的三相交流相电压，u_α、u_β 表示经三相静止坐标转两相静止坐标变换后的 α、β 轴的分量，由 u_α、u_β 可以计算出 γ 的正弦值、余弦值，由式（5-13）计算得 $\sin(\theta - \gamma)$，作为 PI 控制器的输入。当 $\theta - \gamma$ 比较小时，$\theta - \gamma$ 与 $\sin(\theta - \gamma)$ 近似。为了改进起始阶段的跟踪效果，加入基准角频率 ω_0（电网的额定频率为 50Hz），最后通过积分环节后得到逆变器输出相位角 θ，积分环节的传递函数为 $\dfrac{1}{s}$。

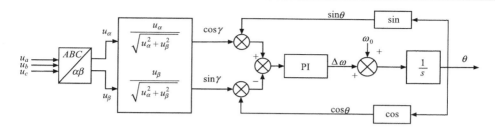

图 5-7　单同步坐标系软锁相环(SSRF-SPLL)控制图

为减少计算量，做一些处理。u_a、u_b、u_c 经 3s/2r 变换后直接得到 dq 轴分量，另外从图 5-6 中得到以下关系：

$$\begin{bmatrix} u_d \\ u_q \end{bmatrix} = U_{\text{pll}} \begin{bmatrix} \cos(\theta - \gamma) \\ \sin(\theta - \gamma) \end{bmatrix} \tag{5-15}$$

电压矢量 U 定向到 d 轴，U_{pll} 和 U 重合，则 $u_q=0$，得到图 5-8 的 SSRF-SPLL 锁相环结构图，这是一种应用最广泛的结构。给定 $u_q^*=0$，确定 PI 调节器的 K_{pll} 和 T_{pll} 参数，就可以获得相位角 θ。

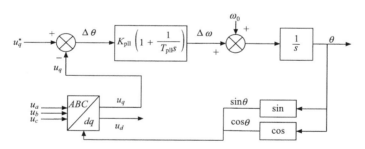

图 5-8　SSRF-SPLL 锁相环简化结构图

5.2.3　三相电压型逆变器模型

单级网侧三相电压型逆变器的等效电路图如图 5-9 所示，逆变器和电网直连，图中 L、C、R 分别为逆变器和电网连接线路传输线等效电感、等效电容、等效电阻。通常传输线路长，考虑 L、R，而忽略 C。u_a、u_b、u_c 为逆变器输出相电压，e_a、e_b、e_c 为电网相电压，i_a、i_b、i_c 流向电网的方向为正。

实际应用中，当逆变器并联电网构成并网发电系统时，为了减小逆变器产生的谐波，通常在逆变器和电网之间加入滤波器改善电性能，如采用 LC 滤波器。如果简化模型分析，可以忽略滤波器的电容，将滤波器的电感合入传输线等效电感。

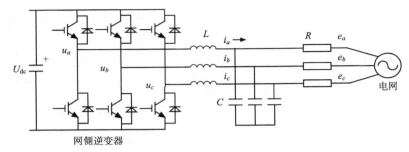

图 5-9　单级网侧三相电压型逆变器的等效电路图

建立基尔霍夫电压回路方程:

$$
\begin{bmatrix} u_a \\ u_b \\ u_c \end{bmatrix} =
\begin{bmatrix}
L\dfrac{\mathrm{d}}{\mathrm{d}t}+R & 0 & 0 \\
0 & L\dfrac{\mathrm{d}}{\mathrm{d}t}+R & 0 \\
0 & 0 & L\dfrac{\mathrm{d}}{\mathrm{d}t}+R
\end{bmatrix}
\begin{bmatrix} i_a \\ i_b \\ i_c \end{bmatrix} +
\begin{bmatrix} e_a \\ e_b \\ e_c \end{bmatrix}
\tag{5-16}
$$

u_a、u_b、u_c 经 3s/2r 坐标变换,变换系数矩阵为式(5-9),且令 d 轴与三相电网电压矢量重合,得 dq 坐标系下 u_d、u_q 的数学模型为

$$
\begin{cases}
u_d = e_d + Ri_d + L\dfrac{\mathrm{d}i_d}{\mathrm{d}t} - \omega L i_q \\[2mm]
u_q = e_q + Ri_q + L\dfrac{\mathrm{d}i_q}{\mathrm{d}t} + \omega L i_d
\end{cases}
\tag{5-17}
$$

u_d、u_q 的等效电路图如图 5-10 所示。

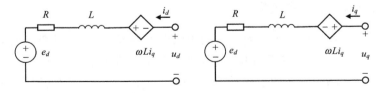

图 5-10　u_d、u_q 的等效电路图

假设逆变器产生三相交流电对称,E 为空间电压矢量,E_m 为 E 的幅值,则

$$\begin{bmatrix} u_a \\ u_b \\ u_c \end{bmatrix} = \begin{bmatrix} E_m \cos(\omega t) \\ E_m \cos\left(\omega t - \dfrac{2\pi}{3}\right) \\ E_m \cos\left(\omega t + \dfrac{2\pi}{3}\right) \end{bmatrix} \tag{5-18}$$

以 A 相电网电压矢量定向 d 轴，经 Park 变换从三相静止坐标系转换到两相旋转坐标系，电压的变化为

$$\begin{bmatrix} u_d \\ u_q \end{bmatrix} = C_{3s/2r} \begin{bmatrix} u_a \\ u_b \\ u_c \end{bmatrix} = \begin{bmatrix} E_m \\ 0 \end{bmatrix} \tag{5-19}$$

逆变器的输出电流为 i，经 3s/2r 变换后得到电流 i_d、i_q：

$$\begin{bmatrix} i_d \\ i_q \end{bmatrix} = C_{3s/2r} \begin{bmatrix} i_a \\ i_b \\ i_c \end{bmatrix} \tag{5-20}$$

式中，$C_{3s/2r}$ 为变换系数矩阵。

在三相静止坐标系下，三相电压有耦合关系。而从式(5-19)中看出，三相电压在 dq 坐标中是没有耦合关系的。

根据瞬时功率理论，逆变器输出的有功功率 P 和无功功率 Q 为

$$\begin{cases} P = u_a i_a + u_b i_b + u_c i_c \\ Q = \dfrac{1}{\sqrt{3}}(u_b - u_c)i_a + \dfrac{1}{\sqrt{3}}(u_c - u_a)i_b + \dfrac{1}{\sqrt{3}}(u_a - u_b)i_c \end{cases} \tag{5-21}$$

在两相坐标下，输出功率 P、Q 的计算公式变换为

$$\begin{cases} P = u_\alpha i_\alpha + u_\beta i_\beta = u_d i_d + u_q i_q \\ Q = u_\beta i_\alpha - u_\alpha i_\beta = u_q i_d - u_d i_q \end{cases} \tag{5-22}$$

如果将 d 轴定向到三相交流电电压矢量，则 u_d 为常数，$u_q=0$，式(5-22)简化为

$$\begin{cases} P = u_d i_d \\ Q = -u_d i_q \end{cases} \tag{5-23}$$

因为 u_d 为常数，由式(5-23)得出，逆变器输出的有功功率 P 由电流 i_d 决定，逆变器输出的无功功率 Q 由电流 i_q 决定。对逆变器输出功率的控制问题转化为对电流 i_d、i_q 的控制，实现了三相并网有功功率和无功功率的解耦控制。逆变器只要对电流 i_d 跟踪控制就能实现对输出有功功率的控制，对电流 i_q 进行控制就能实

现对输出无功功率的控制。

5.3　逆变器控制方法

逆变器控制方法较多，控制方法的研究也是目前逆变器研究的一个热点。将已成熟的逆变器控制方法按照不同的侧重点分类，会有多种分类。

逆变器控制结构常见的形式有以下几种：电压外环电流内环的双闭环、电压外环并网功率内环的双闭环、功率电压外环电流内环的三环结构等。

按照解耦定向信号的不同，分为电压定向控制、虚拟磁链定向控制。

按照控制器无互连线时控制信号的不同，分为恒压恒频 U/f 控制、恒功率 $P\text{-}Q$ 控制、下垂控制（Droop Control）等。

5.3.1　信号的定向

分析控制策略时，按照解耦时对 d 轴的定位不同划分成两大类：一类是以检测或估算电网电压为前提，d 轴以电网电压空间矢量的方向为基准，以控制电压为目的的电压定向控制，以控制功率为目的的直接功率控制；另一类是以估算虚拟磁链为前提，将网侧逆变器看作一台虚拟电机，d 轴以虚拟电机的磁链方向为基准，通过控制电压达到控制磁链的目的，或通过控制功率输出达到直接功率控制的目的。

1. 电压定向（Voltage Oriented，VO）

采集网侧电压、电流瞬时值，通过坐标变换解耦，坐标系变换参考图 5-3，采用 $\alpha\beta$ 两相静态坐标系、dq 两相旋转坐标系，使 d 轴方向与电网电压空间矢量 E 对齐，A 相交流电的峰值点作为旋转角 θ 的零点，则有 $e_d=|E|$，$e_q=0$。

用 i_d、i_q，u_d、u_q 表示两相旋转坐标下输出的电流、电压控制量，S_a、S_b、S_c 为三相桥式电路中三个桥臂的开关函数，U_{dc} 为逆变器的直流输入电压，U_{dc}^* 为逆变器的直流输入电压参考值，i_q^* 为输出无功功率对应的电流参考值。

在稳态时，i_d、i_q 均为直流，电感上的压降为 0。则根据式(5-17)得到稳态控制方程式：

$$\begin{cases} u_d = e_d + Ri_d - \omega Li_q \\ u_q = Ri_q + \omega Li_d \end{cases} \tag{5-24}$$

在双闭环结构中，为保持直流母线电压的恒定，电压外环的输出 U_{dc} 可以调节给定电流 i_d^* 的大小，对应逆变器输出有功功率的调节；电流 i_q^* 由外部给定，对应逆变器输出无功功率的大小。三相并网变流器的电压定向控制框图如图 5-11 所示。相比虚拟磁链定向，电压定向在逆变器控制中用得较多。

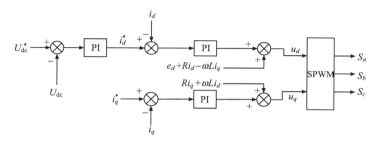

图 5-11　三相并网变流器的电压定向控制框图

e_d 为前馈分量(电网电压$|E|$)，无电网电压引起的系统扰动时，e_d 为 0。如果假定忽略 R，则图 5-11 可以简化，前馈解耦控制的补偿项 $e_d + Ri_d - \omega Li_q$ 只留下了 $-\omega Li_q$，$Ri_q + \omega Li_d$ 项只留下了 ωLi_d，得到简化的电压定向模型。对多次 PI 调节的信号，通常使用简化模型。

在单位功率因数并网场合，即无功功率输出为 0，则给定值 i_q^* 为零。

离网运行控制时，采用基于给定电压定向的控制方式，可以给负载独立供电。

2. 虚拟磁链定向(Field Oriented，FO)

利用虚拟的磁链取代电网电压，可以实现虚拟磁链控制和虚拟磁链-直接功率控制。

R、L 分别对应虚拟电机的定子电阻和定子电感，电网相电压 e_a、e_b、e_c 对应虚拟电机的定子输出电压，u_a、u_b、u_c 为定子感应电动势，电流从逆变器流向电网，虚拟磁链 $\psi = \int edt$ (ψ 的方向滞后于电网电压空间矢量 e 90°)，i_d、i_q 分别对应逆变器输出的无功功率分量、有功功率分量。两相旋转坐标的 d 轴方向与 ψ_d 相同，即将 d 轴定向到虚拟磁链 ψ，$\psi_d = |\psi|$，$\psi_q = 0$；$e_q = |E|$，$e_d = 0$。q 轴对应有功功率分量，d 轴对应无功功率分量。

在 $\alpha\beta$ 坐标系下，虚拟磁链与逆变器输出电压的关系为

$$\psi = \begin{bmatrix} \psi_\alpha \\ \psi_\beta \end{bmatrix} = \begin{bmatrix} \int e_\alpha dt \\ \int e_\beta dt \end{bmatrix} = \begin{bmatrix} \int \left(-L\dfrac{di_\alpha}{dt} - Ri_\alpha + u_\alpha \right)dt \\ \int \left(-L\dfrac{di_\beta}{dt} - Ri_\beta + u_\beta \right)dt \end{bmatrix} \tag{5-25}$$

$$\begin{bmatrix} e_\alpha \\ e_\beta \end{bmatrix} = \begin{bmatrix} \dfrac{\mathrm{d}\psi_\alpha}{\mathrm{d}t} \\ \dfrac{\mathrm{d}\psi_\beta}{\mathrm{d}t} \end{bmatrix} = \begin{bmatrix} \dfrac{\mathrm{d}(\psi_d \cos\theta)}{\mathrm{d}t} \\ \dfrac{\mathrm{d}(\psi_d \sin\theta)}{\mathrm{d}t} \end{bmatrix} = \begin{bmatrix} \dfrac{\mathrm{d}\psi_d}{\mathrm{d}t}\cos\theta - \omega\psi_\beta \\ \dfrac{\mathrm{d}\psi_d}{\mathrm{d}t}\sin\theta + \omega\psi_\alpha \end{bmatrix} \tag{5-26}$$

式中，θ 为两相静止坐标系到两相旋转坐标系之间的夹角，见图 5-3。

当三相电网电压对称并进入稳态后，ψ_d 的导数为 0，有以下关系：

$$\begin{cases} \theta = \omega t = \arctan(\psi_\beta / \psi_\alpha) \\ e_\alpha = -\omega\psi_\beta \\ e_\beta = \omega\psi_\alpha \\ e_d = 0 \\ e_q = \sqrt{e_\alpha^2 + e_\beta^2} \end{cases} \tag{5-27}$$

两相旋转坐标系下的电压方程：

$$\begin{cases} u_d = Ri_d + L\dfrac{\mathrm{d}i_d}{\mathrm{d}t} - \omega L i_q \\ u_q = e_q + Ri_q + L\dfrac{\mathrm{d}i_q}{\mathrm{d}t} + \omega L i_d \end{cases} \tag{5-28}$$

在稳态时，i_d、i_q 均为直流，电感上的压降为 0，忽略 R，虚拟磁链控制框图如图 5-12 所示。

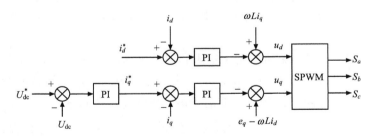

图 5-12　虚拟磁链控制框图

在单位功率因数并网时，d 轴电流给定 i_d^* 为 0。需要调节无功功率时，设置 i_d^* 即可。

无论电网电压信号定向，还是虚拟磁链信号定向，都可以用直接功率控制，以下用电压定向为基础分析直接功率控制方法。

采用直流电压为外环、并网功率为内环的双闭环结构，外环采用 PI 调节器，内环采用滞环控制器，根据闭环输出结果和电网电压空间矢量的位置，在预存的开关表中选择适当的开关组合作为开关器件的脉冲信号。

　　网侧的有功功率、无功功率分别对应电机的转矩和磁链，根据有功功率、无功功率反馈值与给定值的偏差和电网电压空间矢量的位置选择开关组合，使功率的误差趋近 0。

　　在三相静止坐标系或两相静止坐标系条件下，利用式(5-21)和式(5-22)计算变流器的瞬时有功分量 P 和无功分量 Q。

$$\begin{cases} P = u_a i_a + u_b i_b + u_c i_c = u_\alpha i_\alpha + u_\beta i_\beta \\ Q = \dfrac{1}{\sqrt{3}}(u_{bc} i_a + u_{ca} i_b + u_{ab} i_c) = u_\beta i_\alpha - u_\alpha i_\beta \end{cases} \tag{5-29}$$

　　将空间电压矢量脉宽调制(SVPWM)引入，取代查表确定开关管的控制，获得固定开关频率。利用 PI 调节器取代滞环控制器，u_d、u_q 为输出控制量，开关信号由 SVPWM 单元产生，优化了直流电压为外环、并网功率为内环的双闭环结构，实用的直接功率控制框图如图 5-13 所示。

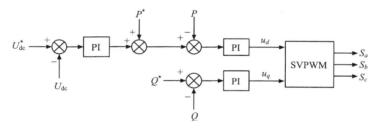

图 5-13　直接功率控制

三相电压型并网变流器控制策略比较表见表 5-2。

表 5-2　并网变流器控制策略比较表

控制策略	电压定向	虚拟磁链定向
优点	非瞬时值控制 静态、动态性能良好 滤波器易设计 PWM 控制容易	避免网压畸变的影响 开关频率固定 滤波器易设计 静、动态性能良好
缺点	坐标变换复杂 闭环参数整定难 坐标定向受网压畸变影响	控制算法复杂 参数整定较烦琐

5.3.2　恒功率 *P-Q* 控制

在孤岛运行条件下，微电网的功率平衡主要由主分布式电源控制。微电网中的主控制器采用恒压恒频 *U/f* 控制策略，能使微电网系统的电压与频率稳定在额定值，而从控制器采用只负责调节输出功率的恒功率 *P-Q* 控制策略。在并网运行时，功率平衡由各分布式电源、电网共同支撑，微电网中所有分布式电源均采用 *P-Q* 控制、下垂控制方法等，即主控制器也切换到 *P-Q* 控制策略运行。这些控制方法都是在三相电压平衡的基础上通过比例积分(PI)或者比例谐振等跟踪调节方式进行控制的。

1. *P-Q* 控制原理

如果控制逆变器的输出功率不受所接线路电压波动的影响，即完全跟随其指定值，此时，逆变器相当于一个受控的电流源，只输送恒定的功率给交流母线。分布式电源与电网之间实际上就是电流源和交流电压源的并联，分布式电源(经逆变器后)输出的电压和频率由电网提供支撑，直接采用电网的频率和电压，电网内的负荷波动、频率和电压扰动由电网承担，分布式电源不考虑频率和电压的调节，只发出或吸收功率。在微电网中，对于输出功率的大小受外界条件影响较大的分布式电源，为保证可再生能源的最大利用率，避免大容量的储能装置配备，一般采用 *P-Q* 控制策略。

P-Q 控制策略如图 5-14 所示，设分布式电源给定的参考有功功率和参考无功功率分别用 P_{ref} 和 Q_{ref} 表示。当分布式电源在 *B* 点运行时，逆变器的频率 *f* 为 f_0 (在中国 f_0 为 50Hz)，母线电压处于额定数值 U_0。当逆变器频率随电网增大到 f_2 时，交流母线电压幅值也随之增大到 U_2，此时分布式电源运行在 *A* 点，其输出的有功功率和无功功率保持不变，保持为 P_{ref} 和 Q_{ref}。同样，当逆变器频率减小至 f_1 时，

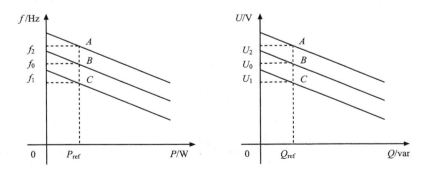

图 5-14　*P-Q* 控制策略

交流母线的电压幅值也随之降低至 U_1，此时分布式电源运行在 C 点，但逆变器输出的有功和无功值仍然等于初始设定的参考功率值。

2. 逆变器控制系统

P-Q 解耦控制可分为带功率外环和不带功率外环两种设计方式，如图 5-15 所示。图 5-15(a) 为不带功率外环的设计，采用电压定向，其控制策略相对简单。假定逆变器输出有功功率参考值为 P_{ref}、无功功率参考值为 Q_{ref}，则据式 (5-23) 可知，逆变器的参考电流为

$$\begin{cases} i_{d\text{ref}} = \dfrac{P_{\text{ref}}}{u_d} \\[3mm] i_{q\text{ref}} = -\dfrac{Q_{\text{ref}}}{u_d} \end{cases} \tag{5-30}$$

可见，跟踪参考电流 $i_{d\text{ref}}$、$i_{q\text{ref}}$ 分别实现有功功率和无功功率的跟踪控制，电流 $i_{d\text{ref}}$ 决定了逆变器输出的有功功率 P，电流 $i_{q\text{ref}}$ 决定逆变器输出的无功功率 Q。

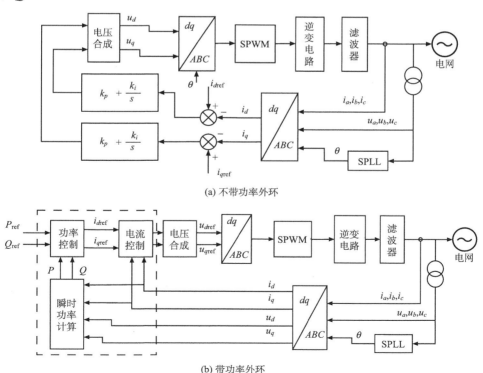

(a) 不带功率外环

(b) 带功率外环

图 5-15　P-Q 控制系统框图

图 5-15(b)为带功率外环 P-Q 控制，是基于 dq 旋转坐标系下的双环控制方式建立的。其中外环为功率环，使逆变器的输出功率跟踪基准功率；内环为电流控制环，及时跟踪参考电流，产生正确的参考电压；软锁相环 SPLL 能够实现相位的跟踪控制。结合图 5-11 得到 P-Q 控制器框图，如图 5-16 所示。

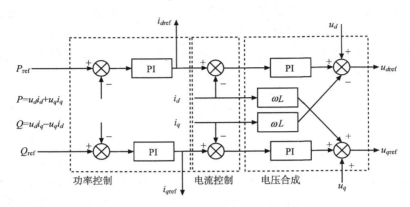

图 5-16　P-Q 控制器框图

功率参考值（P_{ref}、Q_{ref}）与当前实测值（P、Q）相减，经过比例积分环节得到参考电流 $i_{d\text{ref}}$、$i_{q\text{ref}}$，再经过电流控制、电压合成、2r/3s 变换（dq/ABC），产生 SPWM 控制信号，从而实现逆变器的恒功率输出。参考电流 $i_{d\text{ref}}$、$i_{q\text{ref}}$ 的计算方法为

$$\begin{cases} i_{d\text{ref}} = K_P\left(1 + \dfrac{1}{T_P s}\right)(P_{\text{ref}} - P) \\ i_{q\text{ref}} = K_Q\left(1 + \dfrac{1}{T_Q s}\right)(Q_{\text{ref}} - Q) \end{cases} \tag{5-31}$$

式中，K_P、K_Q、T_P、T_Q 均为 P-Q 控制器参数。

以微电网中的永磁同步发电机的逆变器控制（二级逆变控制方框图如图 5-17 所示）为例，分析风力发电子系统恒功率控制系统的实现。为实现最大的风能利用率，电能经过两级变换，逆变电路用磁链定向，参考电流 i_q 调节有功功率，U_0 为电网交流母线电压额定值，U_{dc2}^* 为升压电路的输出电压参考值，$\cos\phi$ 为功率因数设定（无功功率为 0，则 $\cos\phi$=1）。在理想条件下不考虑逆变器损耗，一级升压电路实现风最大功率跟踪，二级逆变电路实现电流跟踪。

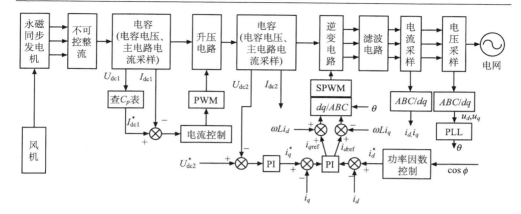

图 5-17　永磁同步发电机二级逆变控制方框图

5.3.3　恒压恒频 *U/f* 控制

1. 原理

如果控制逆变器输出交流电的电压幅值和频率不受负荷功率变化的影响，完全跟随电压幅值和频率的给定值，此时，由逆变器构成的分布式电源相当于一个受控电压源。这种逆变器控制方法，常用于微电网孤岛模式下的电压源支撑，由逆变器提供基准电压和频率给微电网，适合采用 *U/f* 控制策略。

如图 5-18 所示，分布式电源初始给定的参考电压和参考频率分别为 U_0 和 f_0，当分布式电源在 B 点运行时，系统频率为 f_0，输出电压为额定值 U_0，其输出的有功功率和无功功率分别等于 P_2 和 Q_2；当分布式电源输出有功功率和无功功率分别减小至 P_1 和 Q_1 时，分布式电源运行在 A 点，其输出的电压和频率维持原值；同样，当输出有功功率和无功功率分别增大至 P_3 和 Q_3 时，分布式电源运行在 C 点，其输出的母线电压和系统频率仍然等于设定值。

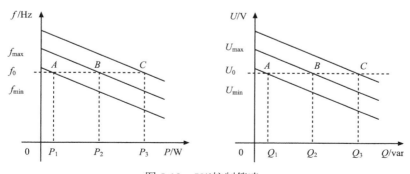

图 5-18　*U/f* 控制策略

　　U/f控制的主要目的是控制分布式电源输出功率在一定范围内变化时,其电压和频率仍能维持不变,确保孤岛运行微电网中其他分布式电源和负荷继续工作。

　　在微电网孤岛运行状态下,由于f和U有微小变化Δf和ΔU,由Δf和ΔU来计算系统的功率差额ΔP、ΔQ,进而确定逆变器的最佳出力。因微电网孤岛运行时容量有限,当功率出现缺额时,要优先供应给重要负载,切除次要负载,所以U/f控制要能够响应负载的投切,且具有一定的动态响应性能。

　　2. 逆变控制系统

　　U/f控制逆变器构成的发电系统如图 5-19(a)所示, U/f控制器的框图如图 5-19(b)所示。

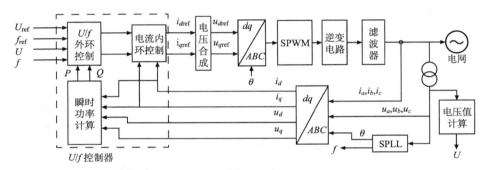

(a) U/f控制逆变器构成的发电系统

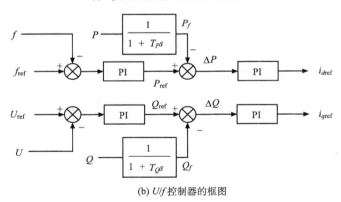

(b) U/f控制器的框图

图 5-19　U/f控制系统框图

　　采用 PI 调节器来实现输出电压和频率的准确调整(实质同下垂控制),其运算公式为

$$\begin{cases} P_{\mathrm{ref}} = K_P' \left(1 + \dfrac{1}{T_P' s}\right)(f_{\mathrm{ref}} - f) \\[3mm] Q_{\mathrm{ref}} = K_Q' \left(1 + \dfrac{1}{T_Q' s}\right)(U_{\mathrm{ref}} - U) \end{cases} \tag{5-32}$$

式中，K_P'、K_Q'、T_P'、T_Q' 为 U/f 控制器参数。

如果不调节频率，则 f 为额定值，用锁相环跟踪电网频率，采用电压电流双环控制。U/f 控制采用电压电流双环控制，逆变器通过反馈交流侧电压来稳定输出电压，能增大逆变器控制系统的带宽，加快逆变器的动态响应，使逆变器对非线性负载扰动的适应能力加强。

电压电流双环控制的逆变器并网原理图如图 5-20 所示，逆变电路与变压器之间连接 LC 滤波器，电压 u_a、u_b、u_c 通过 3s/2r 变换得到 dq 坐标下的两个分量 u_d 和 u_q，u_d 和 u_q 两个分量和电压期望值 $u_{d\mathrm{ref}}$ 和 $u_{q\mathrm{ref}}$ 之差送入 PI 调节器调节，调节后得出的 $i_{d\mathrm{ref}}$ 和 $i_{q\mathrm{ref}}$ 是流经电感的电流期望值。电流 i_a、i_b、i_c（流经滤波器中电感的电流）通过 3s/2r 变换后为 i_d 和 i_q，$i_{d\mathrm{ref}}$ 和 $i_{q\mathrm{ref}}$ 与 i_d 和 i_q 之差送入 PI 调节器调节得 v_d 和 v_q，最后，把 v_d 和 v_q 进行 2r/3s 变换得到逆变电路的控制信号（S_a、S_b、S_c）。控制器内外环控制结构图如图 5-21 所示，R 为逆变电路与变压器之间线路的等效电阻，L 为 LC 滤波器的电感参数，C 为 LC 滤波器的电容参数。K_{iP}、K_{iI}、K_{uP}、K_{uI} 是内、外环 PI 调节器参数。

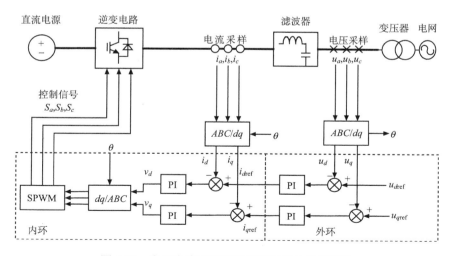

图 5-20 电压电流双环控制的逆变器并网原理图

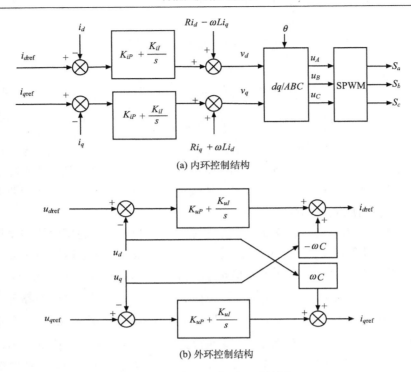

(a) 内环控制结构

(b) 外环控制结构

图 5-21　控制器内外环结构图

5.3.4　下垂控制

1. 原理分析

设 A 点逆变器电源（$U_1\angle\delta$）经一条电力线路流向 B 点，线路电阻为 R，等效电感为 L，等效感抗为 X，B 点电压为 $U_2\angle0$，B 点功率为 $P+\mathrm{j}Q$，如图 5-22 所示。

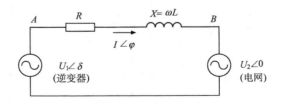

图 5-22　功率流动图

从 A 点流向 B 点的有功功率和无功功率计算公式可表示为

$$
\begin{cases}
P = U_2 I \cos\varphi = -\dfrac{U_2^2}{\sqrt{R^2+X^2}}\cos\alpha + \dfrac{U_1 U_2}{\sqrt{R^2+X^2}}\cos(\alpha-\delta) \\[4mm]
Q = U_2 I \sin\varphi = -\dfrac{U_2^2}{\sqrt{R^2+X^2}}\sin\alpha + \dfrac{U_1 U_2}{\sqrt{R^2+X^2}}\sin(\alpha-\delta)
\end{cases}
\tag{5-33}
$$

式中，$\alpha = \arctan\dfrac{X}{R}$，$\alpha$ 是线路阻抗的相位角。将 A 端的逆变器看作一台发电机，B 端看作电网，则通过线路传输后在 B 端获得 $P+\mathrm{j}Q$ 的功率，只需要调整 A 端电源的 U_1 和相角 δ 即可。当 P 为正值时，发电机发出有功功率；当 Q 为正值时发电机发出无功功率，当 Q 为负值时发电机吸收无功功率。

总体上将 X 与 R 的关系分两种情况讨论 P 和 Q 的特性。

1) 等效感抗 X 与电阻接近或者远小于电阻 R

当逆变器等效感抗 X 与电阻接近或者远小于电阻 R，即 $X \ll R$（对应于中低压配电网传输线）时，$\alpha \approx 0°$。由于 $\delta \in (0,90°)$，且 δ 受到逆变器中器件功率有限的制约（逆变器的输出功率只能在额定功率的一定比例范围内变化），所以实际上 δ 的变换范围很小。因功率角 δ 较小，基本上有线性关系 $\sin\delta \approx \delta$，$\cos\delta \approx 1$，那么式 (5-33) 近似简化为

$$
\begin{cases}
P = \dfrac{U_2(U_1 - U_2)}{R} \\[4mm]
Q = -\dfrac{U_1 U_2}{R}\delta
\end{cases}
\tag{5-34}
$$

由式 (5-34) 可得：有功功率 P 与电压差 $(U_1 - U_2)$ 有关，无功功率 Q 与 δ 有关。U_2 为电网电压固定值，只需调节 U_1 就可获得需要的有功功率，只要调节 δ 就可获得需要的无功功功率，δ 又称作功率角。这种调节正好与电压等级较大（中高压配网传输线）时情况相反，但是这种情况通常是微电网出现的情况，如果想利用中高压配网传输线的下垂特性，判断线路阻抗相位角 α 的大小，需要采用式 (5-34) 调节处理，或者在线路中将感抗 ωL 加大，也可以直接采用 LC 滤波器加大 L 值，使 $X \gg R$，统一利用中高压配网传输线中功角的 $(P/f,\ Q/U)$ 下垂特性。

2) 等效感抗 X 远大于电阻 R

将逆变器等效为发电机，当感抗远大于电阻，即 $X \gg R$（对应于中高压配电网传输线）时，$\alpha \approx 90°$，当功率角 δ 较小时，式 (5-33) 可以近似简化为

$$
\begin{cases}
P = \dfrac{U_1 U_2}{X}\delta \\[4mm]
Q = \dfrac{U_2(U_1 - U_2)}{X}
\end{cases}
\tag{5-35}
$$

　　因为逆变器输入的电压值 U_1 是可以直接控制的,说明逆变器的无功功率能直接控制,通过控制电压差 $(U_1 - U_2)$ 来调节无功功率。控制功率角 δ 就是控制逆变器的输出频率,逆变器的输出角频率为 ω 或频率为 f ($f = \dfrac{\omega}{2\pi} = \dfrac{\mathrm{d}\delta}{\mathrm{d}t}$),调频率可以实现调节逆变器的有功功率输出。通过调节频率和电压实现有功功率、无功功率的调节就是下垂特性控制 (P/f, Q/U)。

　　下垂控制的调节原理如图 5-23 所示,分为有功频率 P/f 控制和无功电压 Q/U 控制,通常设 $Q_0 = 0$,在额定电压 U_0 输出时只有有功功率 P_0。

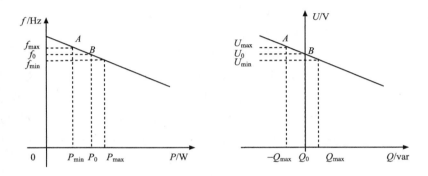

图 5-23　下垂控制的调节原理图

　　下垂特性方程可表示为

$$\begin{cases} f = f_0 - m(P - P_0) \\ U = U_0 - n(Q - Q_0) \end{cases} \tag{5-36}$$

　　式(5-36)可以变换为

$$\begin{cases} P = P_0 - K_f(f - f_0) \\ Q = Q_0 - K_U(U - U_0) \end{cases} \tag{5-37}$$

式(5-36)和式(5-37)中,f、U 为逆变器交流侧相电压的频率和有效值;P、Q 为逆变器输出的有功功率和无功功率;U_0、f_0 为交流电网的额定相电压有效值和频率;P_0、Q_0 为逆变器的额定有功功率和无功功率;m、n 为逆变器的 P/f 和 Q/U 下垂系数,K_f、K_U 为逆变器的 f/P 和 U/Q 下垂系数。

　　下垂控制也称调差率控制,主要是通过模拟发电机组功频静特性来调节逆变器输出。由式(5-36)和式(5-37)可知,两类调节的实质是相同的。P/f 及 Q/U 下垂控制,即通过对有功、无功功率的调节控制改善输出的压频特性,主要供离网逆变器发电使用。f/P 及 U/Q 下垂控制,通过对电压和频率参数的控制调节功率的输出,主要供并网逆变器发电使用。此外,也有采用有功/电压(P/U)和无功/频率

(Q/f) 的反调差率控制，其原理都是相似的，主要供根据线路阻抗中的不同的阻性或者感性成分来进行调差率控制。

2. 下垂系数与功率分配

一般情况下，逆变器输出的无功功率额定值 $Q_0=0$，根据图 5-23 所示的下垂特性曲线，下垂系数为式(5-38)和式(5-39)。

$$m = \frac{f_{\max} - f_{\min}}{P_{\max} - P_{\min}} \tag{5-38}$$

$$n = \frac{U_{\max} - U_{\min}}{2Q_{\max}} \tag{5-39}$$

式中，$P_{\max}$、$P_{\min}$ 为逆变器可以输出的最大有功功率、最小有功功率；$f_{\max}$、$f_{\min}$ 为逆变器可以运行的最大频率和最小频率；$Q_{\max}$ 为逆变器可输出或吸收的最大无功功率；$U_{\max}$、$U_{\min}$ 为逆变器可以输出的最大电压和最小电压。

多台逆变器并联，根据图 5-23 的下垂控制特性曲线，通过控制逆变器输出的有功功率 P 和无功功率 Q 来控制其交流侧相电压的频率、幅值，实现微电网各个逆变器公共端的负载同频同压供电。

当多台逆变器并联时，假设各逆变器的额定容量均相同，如果要实现负载功率在各台逆变器之间平均分配，只需要使各台逆变器的下垂系数相同即可。

当多台逆变器并联时，假设各逆变器的额定容量各不相同，各台逆变器的下垂系数与其额定容量相关，额定容量较小的逆变器采用大的下垂系数，额定容量较大的逆变器采用小的下垂系数。负载功率依照各逆变器的额定容量关系来分配，额定容量较大的逆变器分担功率较多，额定容量较小的逆变器分担功率较少。此时各台逆变器的功率关系为式(5-40)、式(5-41)。

$$m_1 P_1 = m_2 P_2 = \cdots = m_i P_i \tag{5-40}$$

$$n_1 Q_1 = n_2 Q_2 = \cdots = n_i Q_i \tag{5-41}$$

式中，m_i、n_i 为第 i 台逆变器的 P/f 和 Q/U 的下垂系数；P_i、Q_i 为第 i 台逆变器的额定有功功率、额定无功功率。

3. P/f、Q/U 下垂控制器

逆变器采用下垂特性控制时，先设定所需要的有功功率和无功功率为给定值，反馈值为输出侧采集到的电压电流值所计算而得的有功和无功功率，以此构成闭环回路进行跟踪控制。将有功功率和无功功率根据所需要的下垂系数求得相应的频率与电压后，通过计算得到控制参考电压值，从而完成控制。

1)P/f 控制

当系统负荷增加时，并联系统总频率 f 下降，各电源都会增加有功功率 P 来阻止频率 f 下降；当系统负荷减小时，并联系统总频率 f 上升，各逆变电源都会减小有功功率 P 的输出来阻止频率 f 上升。增加或减少的有功功率大小是由下垂系数来决定的。

2)Q/U 控制

因为频率对于整个系统来说是全局变量,所有交流信号的变化速度是一致的,所以基本上不存在同步问题。然而对于电压来说，由于线路参数的影响，每一个节点的电压是不相同的，所以构造出的电压无功的下垂特性也就存在区别，每一台分布式电源输出的无功功率不同，就会占用分布式电源的视在功率，从而影响分布式电源的有功出力。因此，电压无功的问题是微电网中需要关注的问题。

Q/U 的控制器结构与 P/f 类似，当分布式电源并联电压 U 增大时，各电源都会减小无功功率 Q 来阻止电压 U 的上升；当分布式电源并联电压 U 减小时，各电源都会增大无功功率 Q 来阻止电压 U 的下降。增加或减少的无功功率是由下垂系数来决定的。

逆变器输出的无功功率 Q 能随着并联系统电压 U 的变化而进行自动调节,这是模拟同步发电机的励磁调节特性。

P/f 和 Q/U 下垂控制器结构框图如图 5-24 所示。

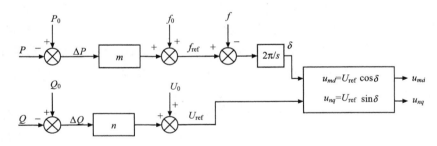

图 5-24　P/f 和 Q/U 下垂控制器结构框图

4. 逆变控制系统

在微电网并网时，分布式电源逆变器采用下垂控制策略的实质为：利用并联系统中各逆变单元输出有功功率 P 和无功功率 Q 与各自输出的交流电频率 f_0 和电压幅值 U_0 之间对应的近似耦合关系,来合理分配各逆变器输出的有功功率和无功功率。

可先在下垂控制器设定输出频率和电压幅值的额定值，通过与计算的瞬时功

率 P、Q 进行比较，然后各自反向微调其输出电压幅值和频率达到系统有功功率和无功功率的合理分配。

一种下垂控制逆变器的结构图，如图 5-25 所示，逆变器采用下垂控制和电流电压双环控制结构。在电流电压双环中，电压环采集滤波器 LC 中 C 的电压和电流，用来稳定逆变器的输出端口电压，电流环采用比例控制器或 PI 调节器提高系统响应时间。

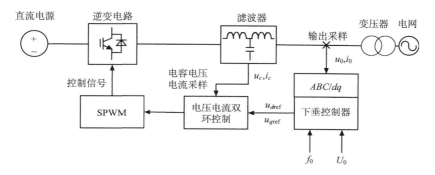

图 5-25　下垂控制逆变器结构图

下垂控制器中有以下模块：功率计算、低通滤波器、下垂特性、电压合成等，如图 5-26 所示。三相电压电流输出采样信号 $(u_0$、$i_0)$ 经过 ABC/dq $(C_{3s/2r})$ 变换，获得 $(u_d$、u_q、i_d、$i_q)$，输入功率计算模块完成功率 P、Q 计算。P、Q 通过低通滤波器 (LPF)、下垂特性、电压合成模块后得到电压信号 $(u_a$、u_b、$u_c)$，再经过 ABC/dq $(C_{3s/2r})$ 变换，获得 u_{dref}、u_{qref} 信号。

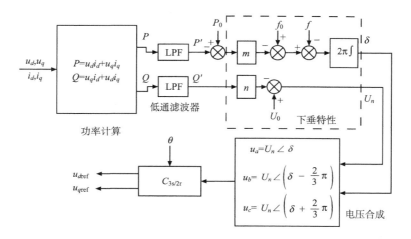

图 5-26　下垂控制器结构图

5.4　电　能　质　量

从负面评估电能质量的指标较多，产生电能质量下降的原因也比较多。将电能质量的主要指标、特征、产生原因和改善方法列于表 5-3，作对比分析。

表 5-3　电能质量指标改善方法表

主要指标	主要特征	产生原因	改善方法
谐波	电压、电流波形的频谱	非线性负载、固态开关负载	有源、无源滤波
三相不平衡	不平衡因子	不对称负载	静止无功补偿
间谐波	持续时间、幅值	调速驱动器	电容器、隔离电感器
电压闪变	幅值、频率波动	电动机启动	静止无功补偿
谐振暂态	波形、峰值、持续时间	线路、负载的投切	滤波器、隔离变压器
脉冲暂态	上升时间、峰值、持续时间	闪电电击线路	浪涌保护器
瞬时电压	持续时间、瞬时值/时间	远端发生故障、电动机启动	不间断电源、自动重合闸
噪声	幅值/频谱	不正常接地、固态开关负载	正确接地、滤波器

其中，谐波和三相不平衡是电能质量中的两个基本指标，以下主要对这两个指标的改善方法进行分析。

5.4.1　谐波

逆变器输出的电流中含有三种波形成分：基波、与基波有关的谐波、开关频率的高次谐波。在逆变系统中，可以通过滤波器将谐波和开关频率高次谐波滤除。滤波器有两种：一种是无源滤波器(Passive Power Filter，PPF)，另一种是有源滤波器(Active Power Filter，APF)。

逆变器输出端常用的无源滤波器是 L、LC、LCL 滤波器，滤波器直接串在逆变器和电网之间，这类滤波器需要合理地设计滤波器的参数。而有源滤波器作为整机设备，通常并联接入电网，滤波参数可以独立设置。

对于无源滤波器，假设连接逆变器的滤波器结构对称。令 L 为等效电感(LCL 滤波器中 L_1 为源侧单相等效电感，L_2 为网侧单相等效电感)，C 为单相等效电容。无论星形连接或三角形连接，L 相同；采用星形连接时等效电容 C 同单体电容容值，三角形连接时等效电容 C 为单体电容容值的 3 倍；忽略 L、C 的内部阻抗。得出 L、LC、LCL 滤波器电路等效电路图，如图 5-27 所示。

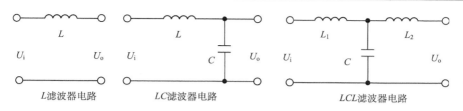

图 5-27　滤波器电路等效电路图

1. L 滤波器

L 滤波器为一阶滤波器，L 串联在电力线路中，可以限制系统的短路电流，起限流、稳流作用，并使母线电压维持在一定水平。如果电抗器并联在电力线路中，可用于无功补偿和移相。如果并网逆变器的开关频率较低，为了使并网时输出电流能达到并网的要求，L 滤波器电感值要增大，系统动态性能会下降，还会引起成本增加和体积重量增加等一系列问题。

L 滤波器的输入电压到输出电流的传递函数为

$$G(s) = \frac{I(s)}{U(s)} = \frac{1}{Ls} \tag{5-42}$$

L 滤波器在高于谐振频率时输出特性以–20dB/dec 衰减。

2. LC 滤波器

LC 滤波器被广泛应用于谐波治理，具有结构简单、成本低廉、谐波抑制效果好、引起的电流应力小等优点，在电压源型逆变器中使用较多。

LC 滤波器由两部分组成，即滤波电感与滤波电容。因为电感中的绕线内阻较小可以忽略不计，忽略电容内阻，滤波器传递函数为

$$G(s) = \frac{U_o(s)}{U_i(s)} = \frac{\omega_c^2}{s^2 + \omega_c^2} \tag{5-43}$$

其中，LC 滤波器谐振角频率：

$$\omega_c = 2\pi f_c = \frac{1}{\sqrt{LC}} \tag{5-44}$$

LC 滤波器在高于谐振频率时输出特性以–40dB/dec 衰减。

LC 滤波器的设计原则一般按照式(5-45)确定：

$$f_n \ll f_c \ll f_L \tag{5-45}$$

式中，f_c 为谐振频率；f_n 为基波频率；f_L 为最低次谐波频率。

由于电力电子开关管的工作频率 f_s 一般为 10~50kHz（f_s 取决于电力电子开关管的性能）。f_s 远大于 10 倍基波频率。一般来说，采用 IGBT（绝缘栅双极晶体管）可以承担较高的电压等级和电流等级，而 MOSFET（金属氧化物场效应管）一般应用于较低功率的场合。因此，f_c 的范围可选择在以下区间：

$$\frac{f_s}{10} < f_c < \frac{f_s}{5} \tag{5-46}$$

由此区间确定具体的截止频率点，通常采用此区间的中间值。电感不能取得很大（取常规容量和体积的电感），电感取值确定后，可以用式（5-44）确定电容值。

3. LCL 滤波器

LCL 滤波器为三阶滤波器，所需的总电感量比 LC 滤波器小得多，滤波效果比 L、LC 两种滤波器好，可以有效地抑制并网电流的高次谐波，同时网侧电感还起到抑制冲击电流的作用。LCL 滤波器可以应用于大功率、低开关频率的并网逆变器设备，但是设计时需要确定三个参数。

LCL 滤波器的传递函数，输入电压与输出电流的关系为

$$G(s) = \frac{I_{L2}(s)}{U_i(s)} = \frac{1}{L_1 L_2 C s^3 + (L_1 + L_2)s} \tag{5-47}$$

LCL 滤波器高于谐振频率时，输出特性以-60dB/dec 衰减，此滤波器对电流的高次谐波具有更好的衰减效果。

LCL 滤波器谐振角频率 f_c：

$$f_c = \frac{1}{2\pi}\sqrt{\frac{L_1 + L_2}{L_1 L_2 C}} \tag{5-48}$$

同样，f_c 要大于基波频率，而且小于最低次谐波频率。如通常使用的规则是

$$10 f_n < f_c < 0.5 f_s \tag{5-49}$$

式中，f_n 为输出交流电基波频率；f_s 为器件开关频率。

4. 有源电力滤波器

有源电力滤波器的基本工作原理如图 5-28 所示。在电力系统中，有源电力滤波器并联在负载端。用 e_S 表示电源输出的等效电压，电源提供的电流为 i_S，非线性负载产生的电流为 i_L。

有源电力滤波器检测负载电压和负载电流 i_L，经指令电流运算电路计算得出补偿电流 i_C^*，补偿电流 i_C^* 经电流跟踪控制电路放大，再经驱动电路后连到主电路，

得出补偿电流 i_C，补偿电流 i_C 和负载电流 i_L 中要补偿的谐波电流抵消，最终得到期望的电源电流 i_S。

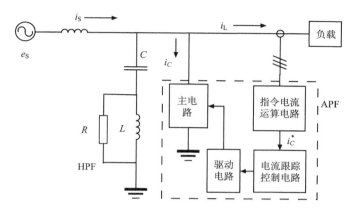

图 5-28　有源电力滤波器的基本工作原理

有源电力滤波器系统由两大部分组成，即谐波电流检测电路(对应图 5-28 中指令电流运算电路、电流跟踪控制电路)和主电路(对应图 5-28 中主电路、驱动电路)，谐波电流检测电路检测出补偿对象电流中的谐波电流分量。主电路有两种类型，电流型 PWM 逆变电路和电压型 PWM 逆变电路，图 5-29(a)和图 5-29(b)分别示出了单相有源电力滤波器的电压型和电流型两种主电路形式。电压型 PWM 逆变电路在其直流侧并大电容，由于其轻便且特性较好，所以应用较为广泛。

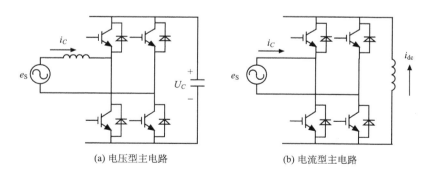

(a) 电压型主电路　　　　　　　　　　　(b) 电流型主电路

图 5-29　单相有源电力滤波器的主电路

5.4.2　三相不平衡

三相不平衡可以分为两类：三相电压不平衡和三相负载不平衡。三相平衡的电力系统只含有正序分量，而出现不平衡故障时，电力系统除了含有正序分量，还有负序分量。无论哪种不平衡，都会导致 PCC 点电压不平衡。

三相不平衡补偿的原理就是通过补偿装置向 PCC 点注入或吸收不平衡电流，维持 PCC 点的电压平衡。

1. 谐波分量采集

逆变器的不平衡控制首先要采用正负序分离方法对信号进行正负序分量的分离。如果采用传统的正序分量控制方法，会导致系统中出现畸变、谐波增大等问题。负序分量的出现可能会导致设备损坏或系统瘫痪。将不平衡电压条件下的正序和负序电压分量分离并提取出来分别进行控制，使用的方法有滤波分离法、对称分量法和延迟信号法等。

滤波分离法需要取样三相交流电的电流，这又有两种方式。P/Q 控制方式和 i_d/i_q 控制方式，P/Q 控制方式计算瞬时有功功率和瞬时无功功率。在实际应用中，i_d/i_q 控制方式应用比较多。

i_d/i_q 控制方式谐波采集原理图如图 5-30 所示。i_a、i_b、i_c 为采集的三相交流电电流，基波有功分量为 i_{af}、i_{bf}、i_{cf}，谐波分量为 i_{ah}、i_{bh}、i_{ch}。i_d^*、i_q^* 为 i 的基波在 d 轴的分量和 q 轴的分量。由于采用了 LPF 求取 i_d^*、i_q^*，故当被检测电流 i_a、i_b、i_c 发生变化时，需要经过一定延迟时间才能得到准确的 i_d^*、i_q^*。从而使检测结果有一定的延时。但只检测无功电流时，不需要低通滤波器，直接将 i_q 反变换即可得出无功电流，不存在延时。

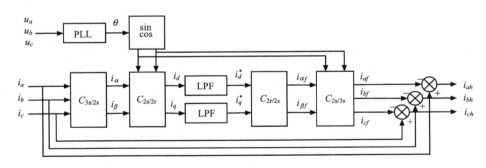

图 5-30　i_d/i_q 控制方式谐波采集原理图

延迟信号法也称 $T/4$ 延迟法，是将采集到的信号经过 $T/4$ 延迟后，将信号的正负序分量进行分离的方法。

$$\begin{cases} e_d^+ = \dfrac{1}{2}\left[e_\alpha(t) - e_\beta\left(t - \dfrac{T}{4}\right)\right]\cos(\omega t) + \dfrac{1}{2}\left[e_\alpha\left(t - \dfrac{T}{4}\right) + e_\beta(t)\right]\sin(\omega t) \\[4mm] e_q^+ = -\dfrac{1}{2}\left[e_\alpha(t) - e_\beta\left(t - \dfrac{T}{4}\right)\right]\sin(\omega t) + \dfrac{1}{2}\left[e_\alpha\left(t - \dfrac{T}{4}\right) + e_\beta(t)\right]\cos(\omega t) \\[4mm] e_d^- = \dfrac{1}{2}\left[e_\alpha(t) + e_\beta\left(t - \dfrac{T}{4}\right)\right]\cos(\omega t) - \dfrac{1}{2}\left[-e_\alpha\left(t - \dfrac{T}{4}\right) + e_\beta(t)\right]\sin(\omega t) \\[4mm] e_q^- = \dfrac{1}{2}\left[e_\alpha(t) + e_\beta\left(t - \dfrac{T}{4}\right)\right]\sin(\omega t) + \dfrac{1}{2}\left[-e_\alpha\left(t - \dfrac{T}{4}\right) + e_\beta(t)\right]\cos(\omega t) \end{cases} \tag{5-50}$$

式中，e_d^+、e_d^- 分别表示旋转坐标系 d 轴电压 e 的正序分量、负序分量；e_q^+、e_q^- 分别表示旋转坐标系 q 轴电压 e 的正序分量、负序分量。

延迟信号法也是目前应用比较多的一种方法，这种方法由于不需要经过复杂的变换，仅仅经过正弦、余弦、乘积计算就可以进行信号的正负序分量的分离，结构简单易于实现。延迟信号法的局限性在于将采集到的信号保存 1/4 个周期，根据所选择的采样频率不同需要保存大量的数据，从而必须使用较大的数据存储空间，对硬件有较高的要求。

此外，对于电力并网系统，还要考虑并网锁相环的设计，由于负序分量的存在，如果采用常规的正序分量的锁相环难免会出现锁相失败的情况，可以改用二阶广义积分法、双同步解耦法实现在不平衡电网条件下的锁相。

2. TSC 补偿

TSC 用于负载补偿时的控制系统原理图如图 5-31 所示，系统中电流互感器 TA 采集负载电流，电压互感器 TV 采集电压，通过分解获取负序分量，由 TSC 控制系统根据负序分量决定哪组电容投入或切除。

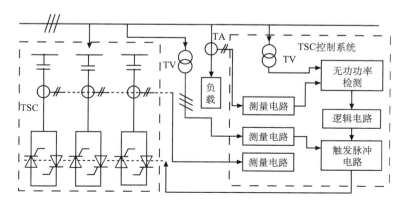

图 5-31 TSC 用于负载补偿时的控制系统原理图

3. 有源滤波器补偿

并联有源滤波器用来对电力系统的谐波和电压进行补偿时，原理图如图 5-32 所示。

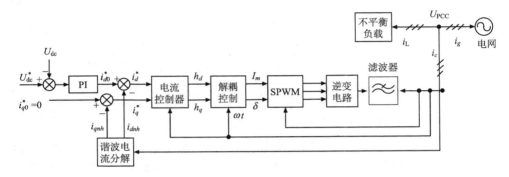

图 5-32　并联有源滤波器补偿原理图

如果用有源滤波器同时补偿谐波和无功功率，就需要同时检测出被补偿对象中的谐波大小和无功电流大小。而如果不需要检测谐波，只要测无功电流 i_q 并对 i_q 进行反变换即可。

对电能的三相不平衡补偿，还可以采用串-并联混合型的有源电力滤波器，这样连接既有滤波功能，又有电压调节的功能。

统一电能质量调节器(Unified Power Quality Controller，UPQC)就是由串联有源电力滤波器和并联有源电力滤波器构成的混合型滤波器，兼具两种滤波器的功能，其连接图如图 5-33 所示。

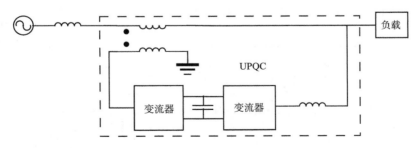

图 5-33　串-并联混合型有源电力滤波器连接图

电力线路中串联有源滤波器，对谐波呈现高阻抗，而对工频分量呈现低阻抗，对电力系统和负载之间的谐波起隔离作用，并在电压波动时可以进行电压调节，电网的谐波电压不会加到负载上，同时可以防止电力系统的内阻抗和无源滤波器之间发生谐振。电力线路中并联有源滤波器，主要进行谐波和无功功率的补偿，同时还用于调节并联型和串联型有源电力滤波器所共用的直流侧电容的电压。

统一电能质量调节器补偿的优点是：具有良好的动态性能，对电压和电流、无功功率都可以补偿。其缺点是：控制功能比较复杂，而且并联有源电力滤波器负担谐波补偿的任务，所需容量大、功耗大。

4. 离网逆变的零序电流补偿

当负载不平衡时，为保证离网运行的输出电压对称，需要在传统的三相三桥臂变流器的基础上增加零序电流通路，成为三相四线制变流器，具有带不平衡负载的能力。图 5-34 所示为三相四线制变流器原理图，在桥臂 HB_1 的交流输出端 u_n 与负载的中性点 g 之间连接电感 L_n，L_n 为不平衡电流提供通道。

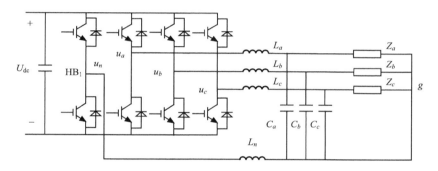

图 5-34 三相四线制变流器原理图

思 考 题

1. 单级和二级、带隔离和不带隔离的逆变器各有什么优点？根据实际的应用条件该如何选择逆变器的结构？

2. 锁相环中低通滤波器的作用是什么？

3. 分析并画出三相桥式电压型逆变电路变换到 dq 两相旋转坐标系的等效电路图。

4. 比较 $P\text{-}Q$ 控制、U/f 控制、下垂控制需要调节的参数、输出变量和输出效果。

5. 如何获得下垂系数？

6. 有源滤波器相比无源滤波器有哪些优点？

7. 交流电三相不平衡补偿的基本思想是什么？

第 6 章　微电网控制与运行

6.1　微电网控制方式

微电网的控制方式按照结构分为主从控制（Master Slave Control）、对等控制（Peer-to-Peer Control）和分层控制（Hierarchical Control）。如果按照对电能的处理方式划分，微电网的控制方式分为变功率模式、恒功率模式、复合最优功率模式，其中复合最优功率模式合理地利用了可再生能源发电，又充分考虑了微电网功率变化对电网的影响。

6.1.1　主从控制

主从控制的微电网示意图如图 6-1 所示，设定微电网中一个分布式电源为主控微电源，其他各个分布式电源为从控微电源。主控微电源要能够满足在两种控制模式（离网运行、并网运行）之间快速切换。

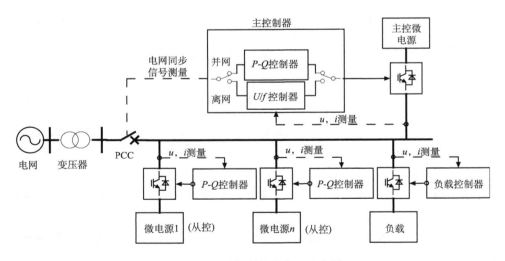

图 6-1　主从控制的微电网示意图

如果微电网中有柴油发动机驱动的同步发电机，由于同步发电机是机械装置，其转子具有惯性，在运行时，同步发电机具备下垂特性，因此柴油发电机建立起的微电网稳定性较好，且易于扩充其他发电设备，适合作为主控电源。但柴油发电机运维费用高，对环境产生污染，难以长时间不停机运行。

　　在风光储微电网中，主控微电源可有以下三种选择：储能装置、风力发电和光伏发电。由于光伏发电和风力发电具有间歇性的特点，不适宜作为主控微电源，储能装置容易控制并且供能比较稳定，作为主控微电源具有一定的优势：动态响应快、效率高、寿命长，而且储能变流器功率因数调节范围大，可以使微电网平稳运行。

　　在并网运行时，微电网的电压和频率由电网提供，微电网的分布式电源一般都采用 P-Q 控制方式。在孤岛运行时，主控微电源控制策略转为 U/f，提供支撑微电网运行的电压和频率。从控微电源依旧采用 P-Q 控制，主控微电源给从控微电源提供电压和频率的支撑，因此负荷的变化由主控微电源进行跟踪，而从控微电源的输出功率应能够在一定范围内可控。

　　主从控制策略已在微电网中得到较广泛运用，但是在使用时要注意，主控微电源要有一定的容量裕度，保证能够快速地响应负荷的瞬间波动。

6.1.2　对等控制

　　对等控制的示意图如图 6-2 所示。各分布式电源地位同等，不分主次，相互之间不需要通信联系，在联网运行或孤岛运行模式下，分布式电源的控制策略一致，可以实现无缝切换功能，有利于实现分布式电源和负荷的即插即用。

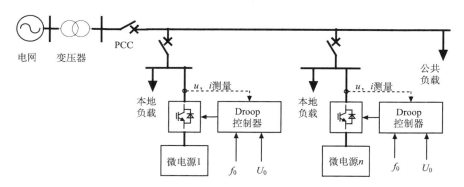

图 6-2　对等控制的微电网示意图

　　目前对等控制微电网中的逆变器，广泛采用下垂(Droop)控制策略。相比于主从控制模式的微电网，多逆变器在并联运行时，逆变器更适于采用下垂控制。因为采用下垂控制的各逆变器共同承担功率动态分配，更容易使系统实现运行模式的平滑切换。

　　微电网在对等控制模式下，当微电网孤岛运行时，每个分布式电源都参与微电网频率和电压的调节。在公共负荷变化时，所有的分布式电源根据下垂系数和额定功率的不同，各自输出不同的功率，使微电网达到新的平衡。

当微电网并网模式运行时，各分布式电源的输出功率恒定，电网和各分布式电源共同维持系统的功率平衡。运用下垂控制逆变器的分布式电源可以根据频率和电压的局部信息进行独立控制，可以实现频率和电压的自动调节，不同于主从控制需要通信的环节，相比于主从控制更简单、更实用、更经济，但是有系统频率和电压稳定性的问题。

6.1.3　分层控制

分层控制也称多代理(Multi-Agent)控制，是把整个微电网分为不同等级(如微源级、微网级和系统级)分别控制，利用微电网协调控制器控制微电网中的各分布式电源或多个微电网，对整个微电网进行统一管理。根据微电网协调控制器是否参与微电网的暂态控制，分为强控制系统和弱控制系统。强控制系统对提高电能质量和系统稳定性有明显的效果，但对通信依赖性强。弱控制系统靠分布式电源自身进行功率调整，降低了系统对通信的依赖性，对控制策略的要求提高了。

含多微电网的分层弱控制系统实例如图 6-3 所示。

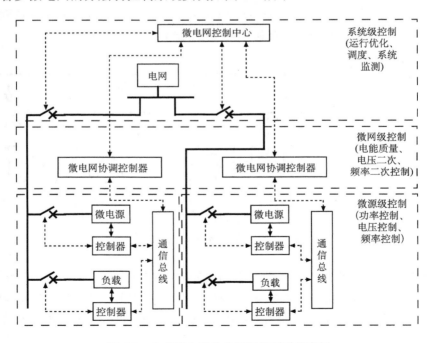

图 6-3　含多微电网的分层弱控制系统实例

将微电网中的分布式电源和负载及其控制器作为分层控制的底层，形成微源级控制。为了有效地组合利用各个分布式电源和负载，设置了微电网协调控制器，即代理(Agent)控制器。考虑微电网和电网之间的联系设置了微电网控制中心(系统调度级控制)。

1. 微源级控制

微源级控制器包含分布式电源控制器和负载控制器，控制对象是分布式电源(微电源)和负载。分布式电源控制器确定分布式电源的控制方式、功率设定值、控制方式的切换。负载控制器控制负载的投入与切除。为了减少微源级控制器对通信的依赖，分布式电源的功能应由微源级控制来实现，尽量减少系统通信的反应时间，提高微电网协调控制的效率。

作为微电网基本单元的分布式电源，其形式和控制策略多种多样，如旋转电机的控制策略、电力电子装置的控制策略等。对于光伏发电系统、直驱式风力发电系统、双馈式风力发电系统、燃料电池发电系统、储能子系统都采用了电力电子装置逆变器，其控制方式主要包括恒功率、恒压恒频、下垂控制，另外还有一些改进的控制方式和新的控制技术，如虚拟同步发电机技术等。

负载的控制主要是负载的断开、负载接入、负载预测。负载的控制可以使微电网控制更加灵活，当微电网内功率平衡无法满足时，可以通过负载的投切达到削峰填谷的目的。

2. 微网级控制

微电网级控制以微电网协调控制器的形式呈现，可以用智能算法实现能量的管理，管理各个馈线的内部电压和频率，控制关键参数的整定与下发。在各个分布式电源共同供电的情况下，可以优先考虑微电网的成本问题，还有系统可靠性以及故障情况，充分考虑分布式电源供电、负载用电以及传输线路交换功率之间的联系。

微电网协调控制器可以综合给定 P-Q 控制运行所需的参考功率，实现微电网的频率二次调节。在系统运行过程中，由于配置了通信线路，微电网协调控制器可以接收上层下发的系统总功率指令，并结合本级微电网状态作出响应。

在并/离网切换过程中，可以调节系统内部 P/f 和 Q/U 单元实现微电网的准同期并网和无故障离网运行。因此，微网级控制作为微电网控制的核心，既能实现管理者对微电网的各种能量优化算法和控制系统关键参数整定的要求，又能实现本层与下一层的弱通信联系。

当通信故障时，微电网内部各分布式电源的控制方式不变。当系统的负载出现波动时，功率的不平衡可以由下垂控制方式下的频率一次调节减小一部分功率的不平衡，可以暂时稳定微电网的频率和电压，相当于对等控制策略。

3. 系统级控制

系统级控制主要是由微电网控制中心完成的，它的功能主要依靠与底层的通信实现。

微电网的能量调度控制主要是借助一定的通信和控制手段来消除微电网系统发电端和用户侧的功率在时间分布上的波动性与随机性，从而保证微电网的能量守恒及供电可靠性。从另一角度来看，能量的调度主要是控制各个分布式电源的出力，最终达到系统经济、高效、安全运行的目的。

根据微电网和电网的要求，系统级控制可以配置监控系统实现智能化功能。该层可以显示各个微电网以及微电网内部的关键参数和计算数据、整个多微电网与配电网之间的收售电关系、上网电价与电费的核算、微电网与微电网之间的频率支撑及交换功率上限的整定等。

通过对主从控制、对等控制和分层控制三种微电网的分析，对三种控制方式的特性和应用作对比，对比表见表6-1。

表 6-1　三种微电网控制方式对比

项目	主从控制	对等控制	分层控制
优点	能实现频率的无差调节 控制简单 控制效率高	即插即用，自动实现功率分配 无需通信线路 故障可靠性较高	能实现频率和电压的调节 控制精细、可靠性高 扩展性好
缺点	主控制器要求快速通信支持 可靠性较差	缺乏统一的频率和电压参考 有差调节、波动性较大	需要通信线路 首次建设投资成本高
应用	网络相对集中的微电网系统	对自主性要求高的微电网	多个微电网

6.2　稳　态　运　行

6.2.1　离网运行

微电网在离网运行时，要求电压和频率稳定，实现发电、储电、用电的能量平衡。微电网采用对等控制策略，即各逆变器均采用下垂控制，所有逆变器都参与微电网交流侧电压幅值与频率的控制。当公共端的负载功率发生变化时，各逆变器根据自己的下垂特性曲线通过调节其电压幅值和频率来控制无功功率和有功功率的输出，从而分担公共端负载功率的变化，微电网稳定在新的运行状态。负载的变化不会影响微电网运行的稳定性，因此微电网所带负载可随时增加或减小。同时，微电网内的个别逆变器投入或者切除也不影响系统的稳定性，投入和切除时根据下垂特性重新分配各逆变器的输出功率，实现了逆变器的即插即用。

微电网在离网运行时，风光储微电网的出力情况有单电源供电、两电源联合供电、三电源联合供电、无电源供电。微电网运行协调控制器的核心任务是协调处理好负荷需求、蓄电池能量变化、风力机输出功率和光伏阵列输出功率的关系。协调控制的基本原则是：时刻保持微电网系统能量供需平衡，保证整个系统稳定、可靠、安全运行，总体要求是最大化地利用风能和太阳能。

利用蓄电池剩余容量 SOC 作为主要判据，实现微电网中分布式电源的出力优化管理。采用 SOC 作为蓄电池充放电电流的判断点，与采用端电压作为判断点相比，采用 SOC 判断避免了充放电过程中因电压波动而造成的控制精确度不高的问题。SOC 判断点的数值大小，需要根据实际的蓄电池型号、容量、连接、环境等因素修改，在电路或软件中还要注意判断点的回差值问题。

设风力发电机组输出功率为 P_w，光伏阵列输出功率为 P_{pv}，负载需求功率为 P_L，蓄电池的荷电状态为 SOC，设定 SOC 上限值为 90%，下限值为 25%（上限值、下限值依系统实际情况设定），系统工作模式如下。

(1) 当 SOC ≥ 90%、$P_L > P_{pv} + P_w$ 时，蓄电池已充满，负荷需求很大，使风力发电机组和光伏阵列都以最大功率形式给负载供电，不足的能量由蓄电池补充。风力发电机组和光伏阵列都采用最大功率点跟踪控制，蓄电池采用放电控制。

(2) 当 SOC ≥ 90%、$P_{pv} + P_w > P_L > P_w$ 时，蓄电池已充满，相对于负荷需求，风力发电机组和光伏阵列出力有剩余，不需给蓄电池继续充电，风力发电机组优先以最大功率输出，不足的能量由光伏阵列补充。风力发电机组采用最大功率点跟踪控制，光伏阵列采用负载功率跟踪控制，控制蓄电池不充电也不放电。

(3) 当 SOC < 90%、$P_{pv} + P_w > P_L$ 时，蓄电池没有充满电，风力发电机组和光伏阵列出力相对于负荷需求有剩余，满足负载需求后，将剩余的能量给蓄电池充电。此时，风力发电机组和光伏阵列都采用最大功率点跟踪控制，蓄电池采用充电控制。

(4) 当 25% < SOC < 90%、$P_L > P_{pv} + P_w$ 时，蓄电池能量没有达到下限，负荷很大，风力发电机组、光伏阵列和蓄电池联合给负载供电。风力发电机组和光伏阵列都采用最大功率点跟踪控制，蓄电池采用放电控制。

(5) 当 SOC ≤ 25%、$P_L > P_{pv} + P_w$ 时，蓄电池能量已经达到下限，负荷很大，不允许蓄电池放电。系统将自动切除可调节负载(微电网负载分为两大类：一类是不可调节负载，另一类是可调节负载)，保留不可调节负载。在保证相应等级负载供电的条件下，如果 $P_L < P_{pv} + P_w$，将负载剩余电量为蓄电池充电，风力发电机组和光伏阵列都采用最大功率点跟踪控制，蓄电池采用充电控制。

6.2.2　并网运行

当微电网在并网模式运行时，微电网电压与频率稳定，不能影响主电网运行，此时逆变器严格参照电网的电压与频率进行工作，要充分利用风光能源，提高微电网就地负载的供电质量。由于微电网的容量通常远远小于电网的容量，此时各台逆变器可视为电流源，电网容量相比于微电网非常大，可视为一个理想电压源，其交流侧的电压幅值和频率全由电网来支撑。

根据电网调度并结合运行需要，确定微电网运行出力有以下4种模式。

(1)最大出力模式，上级调度给微电网下达全场最大出力曲线，对低于最大出力曲线的情况不限制，风力发电机组和光伏阵列都采用最大功率跟踪控制。

(2)恒出力模式，上级调度给微电网下达全场出力曲线为一恒定值，风力发电机组采用最大功率跟踪控制，光伏阵列采用出力曲线补充的跟踪控制。

(3)无约束模式，上级调度对微电网实时出力没有限制，光伏发电子系统的发电可以根据太阳辐照度情况自行调整，风力发电子系统的发电可以根据风力情况自行调整，风力发电机组和光伏阵列都采用最大功率点跟踪控制。

(4)联络线调整模式，上级调度根据微电网相关送出潮流约束情况，下达微电网发电出力曲线，根据出力曲线分配风力发电机组和光伏阵列的出力。

微电网在并网模式下，蓄电池不参与母线电压调节，根据当前蓄电池的 SOC 状态对蓄电池进行充电管理，分布式电源和负载单元之间的功率不平衡部分全部由电网提供，微电网能量可双向流动。

蓄电池管理的 SOC 判断流程如下。

(1)当 SOC ≤ 25%时，蓄电池采用较大的参考电流恒流方式充电，加快充电速度。

(2)当 25%<SOC ≤ 40%时，蓄电池以较小的参考电流进行恒流慢充，抑止蓄电池的析气量，使蓄电池的充电效率整体提升。

(3)当 40%<SOC ≤ 90%时，蓄电池以恒压方式充电，避免蓄电池端电压剧烈波动。

(4)当 SOC>90%时，略微提高蓄电池的充电电压，蓄电池以浮充方式充电。

主电网遇到故障时，储能变流器需要快速地响应，并采取相应的措施。当主电网发生电压跌落时，储能变流器需要迅速地进行低电压穿越(Low Voltage Ride Through，LVRT)甚至零电压穿越。而当微电网突然与电网分离时，储能变流器需要准确判断后，使微电网进入孤岛运行。

当电网故障或扰动引起逆变器并网点的电压跌落时，在电压跌落的范围内，微电网发电能够不间断并网运行，起到支撑电网的作用，甚至向电网提供一定的无功功率，支持电网恢复正常，称为低电压穿越。

当低电压穿越时，微电网提供并网点的支撑电压，其实现方式有基于储能设备的实现和基于无功补偿设备的实现。

储能变流器在进行低电压穿越及零电压穿越时，需先检测电网电压的跌落，一般分为平衡跌落与不平衡跌落。平衡跌落是指电网三相电压均匀跌落，可通过去耦坐标变换后的 du/dt 判断是否发生平衡跌落。而不平衡跌落是指电网三相电压跌落不同或有的相电压不跌落，可以通过叠加电压的负序及零序分量跌落深度判断是否发生不平衡跌落。在确定电网电压跌落后，需根据电压跌落的深度，使储能变流器发出指定的无功功率，并按照"保无功限有功"的原则，即在储能变流器容量有限的情况下，优先满足无功功率的发出，对有功功率降额，进行低电压或零电压穿越。在零电压穿越时，由于电网已经没有电压，此时逆变器的锁相环已经无法根据电网的电压及频率正常输出电网角频率，则电网角频率需由储能变流器自主输出。

6.2.3 孤岛检测方法

孤岛发电(离网发电)分为计划性孤岛和非计划性孤岛两类。计划性孤岛是根据上级调度安排的、预先可知的孤岛发电，而非计划性孤岛则是因故障等突发事件产生的孤岛发电。①计划性孤岛的控制，实际上是形成一个离网发电系统，在停机转离网运行启动时，主控微电源采用 U/f 策略启动，其余从控制器控制的分布式电源(从控微电源)采用 $P-Q$ 策略，带动全微电网工作。②在并网运行时发生非计划性孤岛发电，微电网控制器由并网运行转离网运行。

无论计划性孤岛还是非计划性孤岛，都需要逆变器判断是否有孤岛现象发生。逆变器在判断孤岛时，检测方法分为被动式和主动式两种，通过检测 PCC 点的电压和频率，自动识别离网工作模式和并网工作模式，实现控制策略的无缝切换。

1. 被动式孤岛检测法

被动式孤岛检测法通过检测逆变器的输出是否偏离并网标准规定的范围(如电压、频率或相位)，对已检测的电压、频率、输出电压和电流之间的相位进行检测，判断孤岛效应是否发生。

当电网正常时，逆变器采用 $P-Q$ 控制方式，逆变器输出有功功率 P、无功功率 Q。此时，公共耦合点的电压幅值和频率由电网决定，微电网不会干扰电网的运行。当 PCC 点电压在系统允许的偏差范围内($\Delta U \leqslant \pm 7\%$，$\Delta f \leqslant \pm 0.1\text{Hz}$)时，系统始终运行在并网状态。

当电网断电时，如果 $P \neq 0$，逆变器输出有功功率与负载有功功率不匹配，则公共耦合点的频率将发生变化；如果 $Q \neq 0$，逆变器输出无功功率与负载无功功率不匹配，则公共耦合点的电压将发生变化。如果频率或电压的变化超出了正常范围，就会检测出孤岛效应的发生。当 PCC 点电压超出允许偏差范围（$\Delta U > \pm 7\%$，$\Delta f > \pm 0.1\text{Hz}$）时，系统转离网模式运行，主控微电源由原来的 P-Q 控制模式迅速转换为 U/f 控制模式，从控分布式电源仍采用 P-Q 控制模式。

被动式孤岛检测法原理简单，无须增加检测电路。只有在逆变器输出功率与负载功率不平衡但相差大时，电网断电后逆变器瞬间交流输出产生波动，可以检测孤岛效应的发生。但当逆变器输出功率与负载功率平衡时，电网断电后逆变器会保持交流输出不变，无法检测出孤岛效应的发生，会产生漏判。

2. 主动式孤岛检测法

主动式孤岛检测法是指通过控制逆变器，使其输出电压、频率或相位存在一定的扰动。由于逆变器输出电压 u 的瞬时值为

$$u = U_m \sin(\omega t + \varphi) \qquad (6\text{-}1)$$

可以看出，可施加扰动的量有电压幅值 U_m、频率 f（$\omega = 2\pi f$）、电流相位 φ。当电网正常工作时，由于电网的平衡作用，这些扰动检测不到。一旦电网出现故障，逆变器输出的扰动将快速累积并超出并网标准允许的范围，从而判断孤岛效应发生。由此产生了基于幅值扰动的电压偏移法、基于频率扰动的频率偏移法、基于相位扰动的滑模频漂检测法。

同样，施加的扰动也可以是有功功率扰动。当微电网接入电网时，逆变器的有功功率不会对电网的频率造成影响，一旦逆变器所在微电网与电网脱离，逆变器发出的有功功率与负载消耗的有功功率不对等，就会引起频率的波动。因此，储能变流器可在正常运行时发出的有功功率的基础上，增加一个较小的有功功率扰动，如果检测到电网的频率也发生扰动，则可以判断出此时逆变器所在的微电网已经脱离了电网，形成了孤岛。

主动式孤岛检测法的检测精度高，检测盲区小，但是控制较复杂，而且降低了逆变器输出电能的质量。

主动式孤岛检测法中最为典型的是基于频率扰动的频率偏移法，图 6-4 是频率偏移法检测原理图。

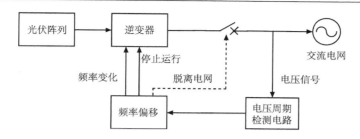

图 6-4　频率偏移法检测原理图

主动式频率检测法工作原理：控制系统通过控制逆变器使其输出电压的频率与电网电压的频率存在一定的误差 Δf（Δf 在并网标准允许范围内）；当电网正常工作时，由于锁相环电路的校正作用，逆变器输出交流电频率与电网交流电频率的误差 Δf 始终在一个较小的范围内。

当电网出现故障时，逆变器输出端的频率将发生变化，在逆变器下一个工频周期内，系统频率将以增加频率偏移 f_{step} 后的频率为新频率基准输出交流电，随后不断地以采集回的交流电频率为新基准，继续增加频率偏移 f_{step}，从而导致逆变器输出的频率与电网电压的频率误差进一步增加，直至逆变器输出频率超出并网标准频率的规定，从而判断孤岛效应发生。

6.3　运行切换技术

微电网有离网运行和并网运行两种稳定的工作运行状态(还有一个稳定状态是非工作的关机状态)，还有 4 种暂态：并网转离网、离网转并网、停机转并网启动、停机转离网启动。停机转并网启动过程可以分成两个阶段实现：第一阶段实现停机转离网启动，启动过程与"黑启动"过程相同；第二阶段实现离网转并网运行。实际上微电网还有两个暂态：离网转停机和并网转停机。这两个过程都是使微电网停机，分为计划性停机和非计划性停机。对于非计划性停机，主要是故障停机，对电网会产生影响；而对于计划性停机，停机过程与启动过程相反实施即可。

6.3.1　并网切换至离网

储能子系统作为微电网中的主控分布式电源时的原理图如图 6-5 所示。当电网发生故障时，断开静态开关 K，储能变流器可以迅速建立起微电网的电压与频率，可让微电网中的负载不断电地由电网切换至微电网运行。

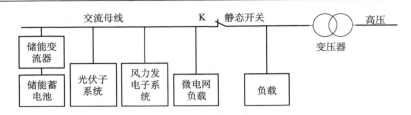

图 6-5　储能子系统作为主控分布式电源的原理图

　　下垂控制策略既适用于储能变流器离网运行模式也适用于其并网运行,因此,对于采用对等控制的微电网,使用下垂控制的储能变流器在并网和离网模式切换时不用切换控制策略。而对于主从控制的微电网,使用 U/f 或 P-Q 控制的储能变流器在并网和离网模式切换时,需要切换控制策略。

　　当电网故障并且静态开关 K 断开时,由于无法得到电网的实时电压,储能变流器需要自行产生交流电压和频率。储能变流器需迅速转换工作模式,在主从控制系统中,储能变流器的主机需由恒功率 P-Q 模式(用并网电感电流控制)瞬时转变为恒压恒频 U/f 模式(用负载电流控制),支撑起微电网的电压与频率。并网切换至离网流程图如图 6-6 所示。

　　并网切换至离网的主要检测与控制点如下。

　　(1)利用检测模块检测电网电压各要素是否跃变。

　　(2)收到检测模块的故障或跃变信号后,把电感电流的给定值换成负载电流的给定值,瞬间断开并网静态开关。

　　(3)检测并网电流是否降为零。

　　(4)控制策略切换,P-Q 控制切换成 U/f 控制或下垂控制,使负载电压保持不变。

　　(5)并网静态开关彻底断开,正式进入独立运行模式。

6.3.2　离网切换至并网

　　在离网运行时,微电网输出与电网输出的电压幅值、相位、频率不可能完全一致,若不同步,直接闭合静态开关 K,会造成静态开关闭合瞬间流过大电流,对电网产生一个巨大的冲击,并且会减少静态开关的使用寿命。

　　微电网离网运行切换至并网运行,较为理想的状态是,当切换瞬间微电网输出的交流电与电网输出的交流电频率、电压幅值、相位相同,此时静态开关属于零电流闭合,不会对电网产生冲击,对静态开关没有损害。静态开关可自动检测电网电压和微电网电压,当判断上级电网供电恢复且开关两端的电压差为 0 时,静态开关自动闭合,实现并网。

　　微电网离网切换至并网流程图如图 6-7 所示。

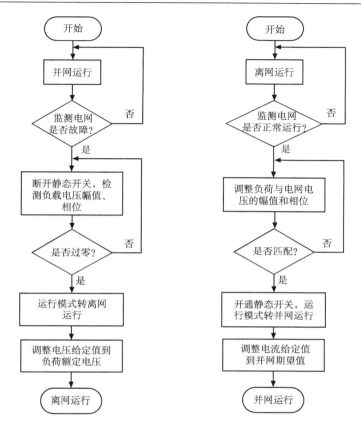

图 6-6　并网切换至离网流程图　　图 6-7　离网切换至并网流程图

离网切换至并网的主要检测与控制点如下。

(1)通过检测模块判断电网电压是否平稳。

(2)调节逆变器输出电压的幅值,采用锁相环技术调节整定逆变器输出交流电压的频率、相位。

(3)判断离网微电网与电网之间的电压各要素差值是否在允许的范围内。当差值在允许的范围内时切换控制策略,储能变流器从 U/f 控制换到 P-Q 控制或下垂控制。

(4)开通并网静态开关,采用电感电流为计算判断值。

(5)调整电流值使之达到并网期望值。

这种切换过程没有对微电网电压和频率主动调节。如果微电网与电网两者之间的频率偏差小、相角偏差大,则系统需要长时间等待同相位;如果频率偏差大且频率调节有较大惯性,则有可能出现超调。为弥补以上缺陷,可采用一些改进措施，如分布式电源的二次调节(二次调频和二次调压)等。

　　二次调节是指在并网时为了使微电网的电压与电网电压相同，微电网的电压和频率主动调节。可令交流电压外环的参考值等于电网电压的瞬时值，对电网电压进行跟踪。在处理微电网频率与电网频率的跟踪与电压相位差的消除上，由于微电网的频率由逆变器支撑，且该频率来源于逆变器自发的电角度，因此可以通过对逆变器输出交流电频率的扰动，实现微电网频率的跟踪和相位差的消除。

6.3.3　黑启动控制

　　类似传统电力系统黑启动方案，微电网网架恢复策略可以分为并行恢复和串行恢复。并行恢复是指有多个黑启动电源并行启动，形成多个独立分散的系统，然后同步并联组网。串行恢复是指一个黑启动电源建立电压后，其他电源同步该电源启动，逐步组网。

　　对于离网的微电网系统,使用串行恢复的黑启动控制方案可以减少硬件设计，降低软件控制的复杂程度，有利于提高系统黑启动的稳定性。相比传统电机运行的电力系统黑启动，串行恢复的黑启动响应时间仍然很快。对于多个微电网的电力系统，相互之间都是通过 PCC 接入电网，可以采用并行恢复策略。并行恢复使多个微电网系统同时离网启动，每个微电网内部使用串联恢复策略，可以缩短供电恢复时间。

　　从微电网安全性和可控性角度考虑，黑启动控制多用于主从式或分层控制的微电网中。微电网系统在运行时，周期性检测微电网子系统和负载的供电情况，记录数据并上传，上级调度中心判断电网是否处于失电状态。如果微电网失电、电网正常，则微电网进入并网程序；如果电网失电、微电网有黑启动功能，则上级调度中心允许微电网进入黑启动程序，微电网控制器将静态开关断开，微电网离网运行。

　　具体的黑启动操作流程如下。

　　(1)切除微电网系统负载,保证黑启动分布式电源在空载状态下启动能建立交流母线电压，同时闭合黑启动分布式电源和配电变压器之间的开关。

　　(2)选择黑启动电源，通常用储能子系统作为黑启动分布式电源。

　　(3)启动黑启动分布式电源，黑启动分布式电源在启动过程中兼具下垂特性和黑启动功能，并具有一/二次调频和调压能力。

　　(4)启动有调频和调压能力的非黑启动分布式电源,最大限度地扩大系统发电容量。

　　(5)接入部分负载，要根据失电前各节点负荷，以及当前系统的发电容量，确定投入哪些系统负载。

(6)启动无调频、调压能力的非黑启动分布式电源，增加发电容量，保证供电稳定。

(7)增加微电网系统负载，直到负载全部接入，完成黑启动。

风光储微电网的黑启动过程是：首先，储能子系统监视电网参数，系统全部停电后，断开不必要负载，并及时调整微电网的参数量水平，如电压、频率及保护配置参数整定等，将启动功率通过联络线送至风光发电子系统，带动风光子系统发电。然后，将恢复后的风光子系统在电网调度的统一指挥下接入运行，随后检查最高电压等级的电压偏差，完成整个网络的并列。最后，恢复电网剩余负荷，使整个电网的恢复。

6.3.4　工作模式无缝切换

微电网暂态切换过程的要求是切换时间短、微电网暂态稳定、电网暂态稳定，因此可以将微电网与电网之间的切换分为两种：无缝切换和短时有缝切换。无缝切换使系统的供电可靠性提高，PCC 软开关的动作时间短，但是在电网波动幅值大时会导致切换频繁发生。短时有缝切换方式技术成熟，但切换过程中会出现短时停电使电能质量下降。

双模式逆变器是一种既可以运行于并网模式下也可以运行在离网模式下的分布式电源逆变器。不同的控制条件，双模式逆变器会出现多种工作状态，如逆变、整流、输出容性无功、输出感性无功的工作状态。在微电网中，使用双模式逆变器，可以实现分布式电源离网和并网两种工作模式的平滑切换。

双模式逆变器典型的控制策略是，并网采用 P-Q 控制，离网运行采用下垂控制。设微电网电压为 U_s 和 PCC 点电网电压为 U_g，$|U_s|$ 和 $|U_g|$ 为微电网和电网的电压有效值。双模式逆变器利用两个软锁相环(SPLL)可分别检测出电网交流电和微电网交流电电压的幅值、频率和相位。

1. 交流电频率和相位的同步

微电网与电网交流电频率和相位的同步，主要是通过调节双模式逆变器频率和相位的输出而实现的。频率校正值是通过电网频率与微电网频率差经 PI 调节获得的，相位校正值是通过电网交流电相位与微电网交流电相位差经 PI 调节获得的，频率和相位的同步控制框图如图 6-8 所示。

在图 6-8 中，ω_s 和 ω_g 分别为双模式逆变器交流电的角频率和电网交流电的角频率，$\Delta\omega$ 为两者的差，$\Delta\omega_{max}$ 表示双模式逆变器交流侧交流电角频率允许的频差范围，θ_s 和 θ_g 分别为双模式逆变器交流侧的相角和电网的相角，K、k_p 和 k_i 为控制参数，ω^* 为下垂特性曲线的角频率校正值。

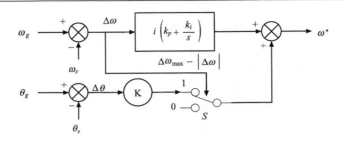

图 6-8 频率和相位的同步控制框图

在图 6-8 中，用开关 S 控制频率的跟踪和相位的跟踪，开关 S 的函数表达见式(6-2)，需要计算 $|\Delta\omega| = |\omega_g - \omega_s|$。如果角频率差 $\Delta\omega$ 较大，即 $|\Delta\omega| > \Delta\omega_{max}$，则设置 $S=0$，首先实现频率跟踪。当两个角频率比较接近时，即 $|\Delta\omega| \leqslant \Delta\omega_{max}$，认为实现了频率同步。但是即使频率同步了，其相位也不一定相同，那么置 $S=1$，加入相位同步调节，在图 6-8 中相位同步仅使用了比例调节，比例系数为 K，最终完成对双模式逆变器的二次调频控制，实现了双模式逆变器交流电频率和相位的同步。

$$S = \begin{cases} 1, & |\omega_g - \omega_s| \leqslant \Delta\omega_{max} \\ 0, & |\omega_g - \omega_s| > \Delta\omega_{max} \end{cases} \tag{6-2}$$

双模式逆变器的角频率校正值为 ω^*，频率 $f^* = \dfrac{\omega^*}{2\pi}$，将 f^* 加入下垂特性方程中，上下平移了双模式逆变器下垂特性曲线，在式(5-36)、式(5-37)中的频率值得到修正，实现频率和相位跟踪。由式(5-36)获得的二次调频值：

$$f = f_0 - m(P - P_0) + f^* \tag{6-3}$$

2. 交流电压幅值同步

计算电网电压有效值 U_g 与双模式逆变器交流侧电压有效值 U_s 的差值，通过将该差值经 PI 调节器调节，输出值加入下垂特性方程中，实现上下平移双模式逆变器下垂特性曲线，从而完成对双模式逆变器的二次调压，实现了双模式逆变器交流电压幅值与电网电压的同步。

$$U^* = \left(k'_p + \dfrac{k'_i}{s}\right)\Delta U = \left(k' + \dfrac{k'_i}{s}\right)(|U_s| - |U_g|) \tag{6-4}$$

$$U = U_0 - n(Q - Q_0) + U^* \tag{6-5}$$

式中，k'_p 和 k'_i 为电压幅值同步调节器参数；U^* 为下垂控制器的二次电压校正值。

3. 工作模式切换

双模式逆变器的工作模式切换，要求能改变双模式逆变器的控制策略，如 *P-Q* 控制和下垂控制互相切换。对于图 6-1 主从控制微电网中的双模式逆变器，采用两个单端双向开关切换控制模式，单端双向开关的动作根据孤岛检测结果确定。

双模式逆变器的模式切换原理图如图 6-9 所示，一个双端双掷开关 *S* 用于切换工作模式。当双模式逆变器并网运行时，*S* 切换到 i_{dref}、i_{qref} 接通的位置，逆变器采用 *P-Q* 控制，P_{ref}、Q_{ref} 分别为输出有功功率和无功功率的参考值；当双模式逆变器并网运行时，*S* 切换到 u_{dref}、u_{qref} 接通的位置，双模式逆变器采用下垂控制，*m*、*n* 为下垂系数，P_0、Q_0、U_0、f_0 分别为逆变器输出交流电的额定有功功率、额定无功功率、额定电压、额定频率。

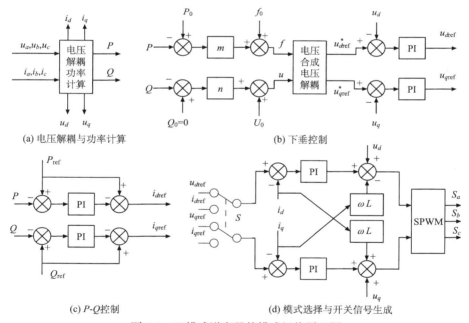

(a) 电压解耦与功率计算　　　　　　　　　(b) 下垂控制

(c) *P-Q*控制　　　　　　　　(d) 模式选择与开关信号生成

图 6-9　双模式逆变器的模式切换原理图

6.4　运　行　保　护

6.4.1　继电保护

1. 常规保护

当系统发生故障时，继电保护要能够正确启动保护装置，将故障尽快切除，从而防止系统瘫痪。

常规继电保护配置为三段式电流保护,即限时电流保护(或称定时限过电流保护)、反时限过电流保护、电流速断保护,其中电流速断保护采用熔断器。

1)限时电流保护

限时电流保护原理是在一定的时限内比较线路两端电流相位、电流大小,通过判断相位差、幅值差的大小是否超限来确定是否启动电流保护措施。限时电流保护原理图如图 6-10 所示,分区内故障、区外故障两种情形。

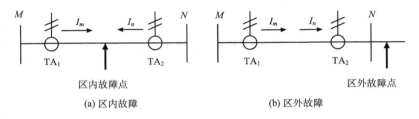

(a) 区内故障　　　　　　　　　　　(b) 区外故障

图 6-10　限时电流保护原理图

在电力系统中,一般规定电流从母线流向线路时的方向为正,而电流从线路流向母线时的方向为负。从图 6-10(a)可以得出,当线路 MN 发生区内故障时,线路两端测量到的电流大小相等相位相反,即 I_m 和 I_n 相位差为 $180°$。从图 6-10(b)可以得出,系统正常运行以及区外故障时,电流 I_m 和 I_n 相位之差为 $0°$,考虑电流互感器的测量误差、继电保护装置动作误差以及线路两侧通信装置传输信号时的延时误差等影响,I_m 和 I_n 的相位差在一个较小的范围内即可。

2)反时限过电流保护

反时限过电流保护是当系统发生故障时,保护装置的动作时间可以根据短路电流大小而改变,可以通过故障切除时间的长短,来得知系统发生故障时的严重程度,一般来说靠近故障点的保护装置会瞬间动作。故障点越靠近保护装置,电压下降的趋势就会越快,因此,可以采取低压加速的方式来提升反限时过电流保护的性能。

对于非终端线路,采用三段式电流保护和其他线路保护相配合。对于终端线路,简化为电流速断保护和限时电流保护(延时一定时间)。对于电缆线路,故障一般是永久性故障,不配置自动重合闸装置;对于架空线路,一般配置自动重合闸装置。

低压(380V/220V)配电系统中,保护装置通常采用带继电保护的低压断路器、熔断器、热继电器保护等。根据国家标准《低压开关设备和控制设备》对断路器的要求,断路器的电流动作时间为反限时特性,I_n 为断路器的额定电流,断路器

的约定脱扣电流为 $1.30I_n$，脱扣时间小于 $1h$（$I_n<63A$）或脱扣时间小于 $2h$
（$I_n>63A$）；对于瞬动保护特性，该标准未对动作电流的整定值、额定工作电流的
倍数做具体要求，可以由生产者规定，通用的配电断路器定在 $10I_n\sim12I_n$（允差
$\pm20\%$），在电流下限瞬动脱扣的时间要大于 0.2s，在电流上限瞬动脱扣的时间要
小于 0.2s。在国家标准《家用及类似场所用过电流保护断路器》中，对断路器(家
用场所为主的断路器指标,可作为微电网配电断路器的参考指标)的瞬时电流脱扣
特性具体化，将断路器分为 B、C、D 三种，其中 B 型脱扣范围为 $3I_n\sim5I_n$，C 型
脱扣范围为 $5I_n\sim10I_n$，D 型脱扣范围为 $10I_n\sim20I_n$，在电流下限瞬动脱扣的时间
要大于 0.1s，在电流上限瞬动脱扣的时间要小于 0.1s。

　　注意，以上反时限过电流保护仅考虑到了保护装置中电流的变化情况，不考
虑系统在不同的运行状态以及容量变化时的情况。这两种情况下发生故障时，保
护装置的短路电流会发生变化，使用时应予以考虑。

　　2. 微电网保护

　　由于微电网既可以离网运行，又可以并网运行，而且变流器大多为电力电子
设备，分布式电源所发出的电能通过变流器与网络连接，当变流器故障时提供很
小的短路电流，难以启动常规的过电流保护装置。因此，微电网结构对继电保护
提出了一些特殊的要求：保护装置上流过的电流可能由单向变为双向，微电网在
孤岛运行时影响原有的某些继电保护装置的正常运行，维持一些重要负载在电网
故障时能正常运行而不使其供电中断。

　　所以，可以将微电网的保护类型划分为两种：分布式电源设备内部自带的保
护、外部配置的继电保护。分布式电源逆变器保护属设备自带的，可以直接断开
与电网的连接。外部配置的继电保护，如正反方向阻抗继电器、电压偏移保护装
置等，此外还可以采用后备保护的方法。

　　1) 分布式电源逆变器保护

　　对于 P-Q 工作模式的逆变器，因逆变器是恒功率正序电源，当发生输出不对
称短路时，输出电流上升；当发生两相短路时，负序电压上升；当发生单相接地
时，零序电压上升。

　　对于 U/f 工作模式的逆变器，因逆变器属恒压恒频电源，如果负载发生变动，
当逆变器输出功率小于额定最大功率时，电流上升使输出功率增大；当逆变器输
出功率大于额定最大功率时，电压降低。当发生三相短路时，输出电压降低超过
设定值，逆变器低压保护动作。

　　根据中华人民共和国能源行业标准《光伏并网逆变器技术规范(NB/T 32004—
2018)》电气保护功能要求：当直流侧输入电压高于逆变器允许的直流方阵接入电

压最大值时，逆变器不得启动或在 0.1s 内停机；当逆变器交流输出端电压超出电网允许电压范围时，逆变器在规定的最大脱网时间内断开电网；当电网频率变化时，逆变器在规定的时间内切出电网；当逆变器输入侧输入功率超过额定功率的 1.1 倍时，出现直流输入过载，需断开输入。此外逆变器还有相序保护、电路保护、防孤岛效应保护、低电压穿越、操作过电压保护功能。

2) 正反方向阻抗继电器

阻抗继电器测量的是从短路点到保护安装地点之间的阻抗,常用于架空线路。将相电压和相电流加入阻抗继电器中，当发生单相接地故障时，只有故障相相电压降低、相电流增大，而任何相间电压都很高，阻抗型继电器能反映出任一单相的接地短路故障。

微电网中的阻抗继电器采用过电流启动，记忆正序电压极化。在微电网中分布式电源的馈线单元配置正、反方向阻抗继电器，正方向阻抗继电器无延时出口用于防止出线故障；反方向阻抗继电器延时出口用于防止低压母线故障。对于无馈线的单元(负荷出线)，配置正方向阻抗继电器，无延时出口。

3) 电压偏移保护装置

电压偏移保护是指通过检测分布式电源某位置的电压有效值与保护整定值进行比较，检测的两点位置可以是微电网线路、母线、配电变压器，在符合动作条件的情况下，启动保护装置、发出跳闸指令，此时分布式电源会退出运行。为防止因为硬件故障而引起保护，通常采用保护设备双重化冗余配置，提高供电的可靠性。

4) 后备保护

当某回路很重要时，后备保护可以与主保护装设在同一个回路上，也就是一个回路有多套保护，以确保回路的安全运行。一般都是将此回路的上一级保护作为本回路的后备保护。如果分布式电源的一个回路故障而主保护没有动作，那么分布式电源的上一级电源断路器将延时后动作，直至微电网接入点 PCC 断开，这种保护方式将引起停电事故扩大化。

6.4.2　防雷

1. 常规措施

过电压有两种：内部过电压和外部过电压。内部过电压是供电系统中开关操作、负荷骤变或由于故障而引起的过电压，运行经验证明，内部过电压对电力线路和电气设备绝缘的威胁不是很大。

典型的外部过电压是雷电引起的过电压。雷电是带电荷的雷云之间或雷云对大地(或物体)之间产生急剧放电的一种过电压现象，是大气过电压。雷电过电压基本形式有：①直接雷过电压，雷电直接对设备放电，引起设备过电压，产生破坏性很大的热效应和机械效应。②感应雷过电压，雷电的静电感应或电磁感应引起设备过电压。③雷电波过电压是指雷电引起电场变化通过物体传播引起设备过电压。

雷电可能损坏设备或设施造成大规模停电，也可能引起火灾或爆炸事故危及人身安全，因此必须对电力设备、建筑物等采取一定的防雷措施。雷击的防护措施主要有：①直击雷的防护，常用避雷装置如避雷针、避雷线等。②感应雷的防护，采用避雷器防止过电压及采取屏蔽措施(金属屏蔽体良好接地)。③雷电波的防护，架空线的线路末端采用电荷吸收器件吸收雷电波，或者采用避雷器泄流。

2. 微电网防雷保护

(1)在光伏阵列场地四角、风力发电机的机舱顶部、电站建筑物高处等，装设避雷针来防止直接雷。

光伏阵列根据防雷等级采用滚球法设计，布置的接闪器不能给光伏组件造成阴影。将露天安装的光伏阵列构件(阵列支架、组件等金属外壳部件)进行等电位连接，并接至接地网。建于屋顶的光伏阵列，如果不在建筑物原有防雷装置的保护范围内，应对其采取防直击雷措施，金属支架应做可靠的等电位连接，并与屋面防雷装置相连。

对于风力发电子系统而言，叶片的位置最高，叶片、机舱、塔架需要有预防直接雷击的措施。在机舱罩顶后部设置一个高于风速、风向仪的避雷针，保护风速计和风向仪免受雷击。叶片防雷系统连于叶片根部的金属环处，包括雷电接闪器和引下线。现在大多数风力机的机舱罩是用金属板制成的，本身就有良好的防雷保护作用。叶片、机舱、塔架的避雷装置最终与接地网相连。

(2)进出微电网的输电线上方架设避雷线。如果想节约微电网的防雷保护成本，在 10kV 及以下线路上不架设避雷线，尽量装设自动重合闸装置。

(3)对于储能子系统的防雷保护主要是间接雷击保护，而间接雷击保护主要是过电压保护和等电位连接。避雷器主要用来保护主变压器、汇流箱、开关柜、逆变器等，以免雷电波沿高压线路侵入微电网。避雷器接地端水平接地极与接地网连接，接地网可以新建或利用建筑物的接地网。

6.4.3　接地

电气设备的某部分与大地之间做良好的电气连接，称为接地。电路的接地是指电气连接到某一公共点，是功能性的接地，不必连接至大地。

接地装置是由接地体和接地线两部分组成的。接地体(或接地极)分为人工接地体和自然接地体(直接与大地接触的各种金属构件、建筑物的基础等)。接地线在设备正常运行时是不载流的,但在故障情况下通过接地故障电流。接地线又分为接地干线和接地支线。由若干接地体在大地中相互用接地线连接起来的一个整体,称为接地网。

接地电阻是接地体的散流电阻与接地线和接地体电阻的总和。由于接地体和接地线的电阻相对较小,可忽略不计,因此接地电阻可认为就是接地体的散流电阻。

1. 接地的种类

接地种类较多,有多种方法进行分类。简单的分类如工作接地、安全接地、保护接地。

1)工作接地

工作接地是指将电力系统的某点(如中性点)直接接大地,或经消弧线圈、电阻等与大地金属连接,如变压器、互感器中性点接地等。重复接地是指中性点直接接地的低压电力网接零线时,将零线上的一点或多点再次与大地作金属性连接,也属于工作接地。

2)安全接地

安全接地包括屏蔽接地和防过电压接地。为防止外来干扰电磁场和电气回路间的直接耦合,减少回路间产生的干扰影响,利用屏蔽体接地是屏蔽接地。为避免因过电压引起的人身事故和电气设备的损坏而采取的接地措施是防过电压接地,这种过电压主要是由雷电和设备的开关故障所引起的。阻抗较低的接地位置,可将雷电流导入大地,并迅速流散在大地中。正确设计的接地系统,应当使电气和电子系统的所有部分,在任何时候都能通过所提供的低阻抗途径,均衡整个系统的能量并排泄入地,使其保持在同一电位上。

3)保护接地

由于绝缘的损坏,在正常情况下不带电的电力设备外壳有可能带电,为了保障人身安全,将电力设备正常情况不带电的外壳与接地体作良好的金属连接,称为保护接地。

保护接地的基本原理是限制漏电设备对地的泄漏电流,使其不超过某一安全范围,一旦超过某一整定值,保护器就能自动切断电源。

保护接地可分为三种不同类型:TN 系统、IT 系统和 TT 系统。其中第一个字母表示电力(电源)系统对地关系,T 表示中性点直接接地,I 表示所有带电部分绝缘(不接地)或有一点用过阻抗接地。第二个字母表示用电装置外露的金属部分对地的关系,T 表示设备外壳接地(设备外壳接地点与系统中的其他任何接地点无直接关系),N 表示负载采用接零保护。第三个字母表示工作零线与保护线的组合关系，C 表示工作零线与保护线是合一的（如 TN-C），S 表示工作零线与保护线是严格分开的（如 TN-S）。

　　TT 系统是指电气设备的金属外壳直接接地的保护系统，也称为保护接地系统，系统连接图见图 6-11(a)，图中有三相设备和单相设备，R_d、R_e 为接地等效电阻。

　　TN 系统是指电气设备有一点（通常是供电变压器的中性点）直接接地，电气设备的外露可导电部分（如金属外壳）通过保护线连接到此点的低压配电系统，称为接零保护系统。TN 系统又可分为 TN-C、TN-S、TN-C-S 三种系统，如图 6-11(b)～(d)所示。

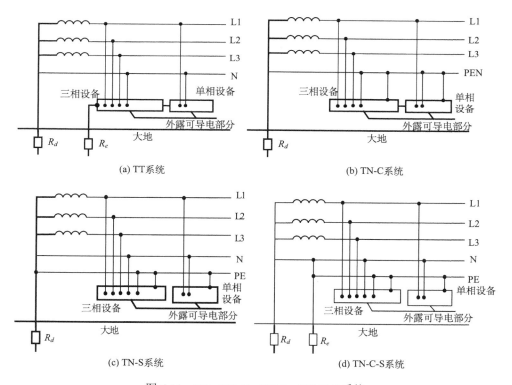

图 6-11　TT、TN-C、TN-S、TN-C-S 系统

　　TN-C 系统中，保护线 PE 和工作零线 N 合为一根 PEN 线，所有负载设备的外露可导电部分均与 PEN 线相连，只适用于三相负载基本平衡的供电系统。

　　2. 微电网接地措施

　　(1) 光伏发电子系统、风力发电子系统采用 TN（TN-S 或 TN-C-S）方式接地，可以较好地保护电气系统及人员的安全。交流部分均设有专用保护接地线，所有电气设备的正常不带电金属外壳均应可靠接地，微电网接地系统与建筑内其他接地系统相连。

(2) 风力发电机接地系统应包括一个围绕风力发电机基础的环状导体，此环状导体采用铜导体，埋设在距风力发电机基础 1m 远的地面下 1m 处。每隔一定距离打入地下镀铜接地棒，作为铜导电环的补充；铜导电环要通过接地线连接到塔架上两个相反位置点，地面的控制器接地线连接到这两个相反位置点之一。

(3) 光伏发电设备(光伏组件、汇流箱、逆变器)的接地系统设计为环形接地网，固定式光伏阵列的金属支架连接至接地系统。光伏发电设备和控制机房的接地系统通过热镀锌钢网相互连接，通过相互网状交织连接的接地系统可形成一个等电位面。

(4) 自然接地体与自然接地线的利用。装设接地体和接地线时，为了节约金属，减少投资，应尽量选择利用自然接地体、自然导体。例如，与大地有可靠连接的建筑物的钢结构，钢筋、行车的钢轨、埋地的非可燃和可爆的金属管等作为接地体；建筑物的金属构架、电梯竖井、电缆的金属外皮等都可以作为自然接地线。

(5) 人工接地体的使用。水平接地极敷设在至少 0.5m 深的土壤中，连接成网格状，接地头用耐腐蚀带包裹。埋于土壤中的人工垂直接地体宜采用角钢、钢管或圆钢，人工水平接地体宜采用扁钢或圆钢。接地体的截面积和接地线的截面积，要满足我国相关电气规定的最小规格。

(6) 接地电阻符合相关标准。根据用途不同，接地电阻有不同的要求，按我国有关规定执行即可。一般要求接地电阻尽量小，例如，防雷接地电阻不应大于 10Ω；对于监控机房和通信机房的接地均应与建筑物防雷地等共用同一接地装置，接地电阻要求小于 1Ω；对于电气设备交流工作接地或安全保护接地，接地电阻不应大于 4Ω。

思 考 题

1. 微电网的控制方法有哪几种？各有什么特点？
2. 画出微电网主从控制策略示意图，解释每个分布式电源的控制方法。
3. 画出微电网分层控制结构示意图，说明微电网协调控制器的作用。
4. 解释低电压穿越 LVRT 的概念，LVRT 有哪些实现方法？
5. 简要说明风光储微电网的黑启动流程。
6. 实现微电网工作模式的无缝切换有哪些要求？

7. 电网中孤岛效应是如何产生的？有哪几种类型的孤岛效应？

8. 分布式电源中逆变器自带的电气保护有哪些？

9. 对于风力发电子系统、光伏发电子系统，主要防雷措施有哪些？

10. 安全接地分哪几种类型？画出光伏发电系统设备的 TN-S 系统接地保护连接图。

第 7 章　微电网监测与用电

7.1　微电网测控系统

7.1.1　监控与数据采集系统

监控与数据采集（Supervisory Control and Data Acquisition，SCADA）系统是一个对微电网中一次系统的运行数据采集以及潮流监控、蓄电池运行和监控、储能变流器监控和设备运行维护的软硬件平台，能够对不同厂商、不同类别、不同型号的逆变器及其他设备进行管理，实现对光伏发电、风力发电、储能子系统的完整地实时监测和控制。

监控与数据采集系统要符合国家和电力行业相关标准，如 DL/T 1864—2018《独立型微电网监控系统技术规范》、DL/T 1863—2018《独立型微电网运行管理规范》、GB/T 36274—2018《微电网能量管理系统技术规范》、GB/T 36270—2018《微电网监控系统技术规范》等。

根据监控与数据采集系统的发展过程和结构不同对其进行分类，主要有集中式、集散式、网络式三种类型，在微电网系统中都有应用。虽然三种类型结构不同，但是其主要的监控和数据采集功能相同，如图 7-1 所示为分成三层的监控与数据采集系统的主要功能。数据采集处理层主要有分布式电源控制器、储能变流器、负载控制器，针对底层的信息和数据处理；运行监控层针对微电网运行的基本功能；而调度管理层主要协调多微电网以及微电网与电网的关系。

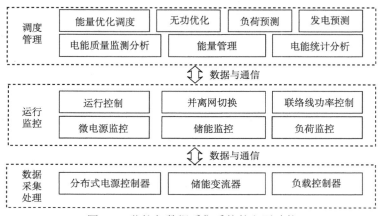

图 7-1　监控与数据采集系统的主要功能

1. 数据采集处理层的功能

监控与数据采集系统采集并网点 PCC 的数据包括：断路器、隔离开关、接地刀闸的位置信息，以及主变压器分接头的位置信息、并网点工作状态。

采集的发电量数据包括：并网点、光伏逆变器、风力发电机输出、储能变流器、输出负载的三相电压、三相电流、有功功率、无功功率、功率因数、频率；并网点、储能变流器输出、负载的有功电量、无功电量；光伏组件的直流侧电压、直流侧电流、直流侧功率、光伏组件温度；储能子系统中蓄电池侧的直流电压、直流电流、直流功率、总剩余容量、蓄电池温度；无功补偿设备的三相电压、三相电流、无功功率。

采集的气象及环境数据包括：环境温度、湿度、气压、总辐照度、风速、风向。

数据采集处理层具有对采集数据进行计算、分析、判断、存储的能力，具有数据库维护、同步、备份和恢复等功能。

2. 运行监控层的功能

运行监控层要完成微电网运行模式的控制和模式切换的控制，完成对数据采集处理层设备的监控功能，根据上级指令执行或顺序控制。顺序控制是指按照预先设定的顺序和流程控制微电网内的设备工作，如并网启动、并网转停机等。

设备(如断路器、负荷开关、接地刀闸、无功补偿设备等)的通断控制，应具有自动控制和人工控制两种控制方式，操作级别由高到低为就地、站内、远动。远动操作通断设备应采用选择、返校、执行三个步骤，分步实施。人工控制设备开断时，微电网监控系统应具有操作监护功能。

3. 调度管理层的功能

调度管理层具有控制各类分布式电源出力和能量优化调度的功能。具有有功功率控制方式：恒联络线有功功率控制、跟踪联络线计划曲线控制、储能充放电计划曲线控制。具有无功功率控制方式：设置功率因数控制模式、无功功率控制模式、电源控制模式，可以设置功率因数、无功、电压等参数值。

微电网在离网状态时，调度管理层要监视主控微电源的有功输出值，当其超出设定值时，应能调整微电网内的其他分布式电源出力，保证主控微电源出力在正常范围内。

调度管理层具有负荷预测、发电预测、电能质量监测分析、电能统计分析功能，还具有系统对时、防误操作、与上一级调度通信等功能。

　　除上述三层结构对应完成的功能外，在微电网的监控与数据采集系统中，还可以添加高级应用功能和辅助系统的测控功能。高级应用功能，如设备状态可视化、设备状态检修、智能告警及分析决策、故障信息综合分析决策。微电网中的辅助系统种类较多，如视频监视、安防系统、照明系统、环境智能化监测系统、站用电源系统等，可以添加相应辅助系统的测控功能。

7.1.2　组态软件

　　组态(Configuration)软件是上位机软件的一种，是监控与数据采集的专用软件，也就是 SCADA 系统软件。

　　组态软件的主要特点有：①强大的界面组态功能，采集、控制设备间进行数据交换，使来自设备的数据与计算机图形画面上的各元素关联起来；②良好的开放性，实时多任务，应用系统运行稳定可靠；③丰富的功能模块，为使用者提供灵活、多变的组态工具，可以适应不同应用领域的需求；④强大的数据库，存储历史数据并支持历史数据的查询；⑤可编程的命令语言，具有与第三方软件连接的接口，方便数据共享；⑥周密的系统安全防范，处理数据报警及系统报警；⑦仿真功能。

　　测控系统人机界面的功能主要包括：①显示主接线图、网络图、地理信息系统(Geographic Information System，GIS)、运行工况、通信网络等，具备图库一体化的建模工具，支持用户自定义设备图元和间隔模板；②支持对软件模块、网络运行状态的管理和监视；③具备图形、语音、文字等形式的报警功能，支持告警查询、报警统计；④能实现人工置数、标志牌操作、闭锁和解锁操作，实现远程控制与调节；⑤具备对采集数据进行查询、访问的功能，形成报表；⑥显示时间和校时；⑦权限分级管理，经授权和身份认证赋予相应操作范围。

　　组态软件可以用于开发微电网中的测控系统软件，实现微电网的数据采集与状态显示、实时远程监控、告警处理、数据存档、事件记录、支持操作员建模等功能。以上功能的实现，除了使用组态软件外，使用许多编程语言也能实现相同的功能，如 LabVIEW、VB、C++等，但使用编程语言开发时编程工作量较大、时间长，而组态软件已将功能模块打包，便于直接使用，减小了编程工作量，缩短开发周期。

　　国内外组态软件主要有 WinCC、InTouch、GWorks、组态王 KingView、力控 ForceControl、MCGS、Web 组态等，这些软件各具特色，但开发流程类似。图 7-2 为组态软件开发流程图，图中实线箭头为流程顺序，虚线箭头为数据传输。I/O 标识是唯一地确定一个 I/O 点的关键字，组态软件通过向 I/O 设备发出 I/O 标识来请求其对应的数据。例如，当用 PLC 作为控制器时，大多数情况下 I/O 标识是 I/O 点在 PLC 中的地址或位号名称。

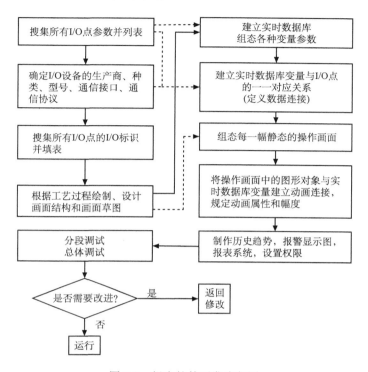

图 7-2　组态软件开发流程图

7.1.3　集散控制系统

集散控制系统或分散控制系统(Distributed Control System，DCS)是一个由过程控制和过程监测组成的以通信网络为纽带的多级系统，其基本思想是分散控制、集中操作、分级管理、灵活配置、方便组态。

DCS 的构成方式十分灵活，可以由工作站、现场控制站、远程 I/O 和数据采集站等组成，也可由通用的服务器、工业控制计算机和可编程控制器、离散控制终端、网关等组成，一种微电网的集散控制系统结构图如图 7-3 所示，主要由分布式电源控制器(光伏发电控制器、风力发电控制器、储能系统控制器)、主控制器、网关、路由等设备构成。

过程控制处于系统的底层，一般由分布式电源控制器就地实现数据采集和控制，并通过数据通信网络传送到主控制器。主控制器监控来自过程控制的数据并集中操作管理，如各种优化计算、统计报表、故障诊断、显示报警等。

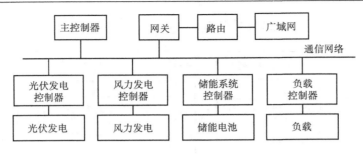

图 7-3　集散控制系统结构

DCS 有可靠性高、开放性大、灵活性强、功能齐全的特点。

(1)可靠性高。由于 DCS 在硬件上各子系统独立，各自完成其特定的功能，又可以通过网络技术实现信息共享，形成功能分散、硬件危险分散、系统相互冗余，信息管理又相对集中的工作模式。

(2)开放性大。DCS 采用开放式、标准化、模块化和系列化设计，系统设备之间采用一些标准的通信协议，实现信息传输，方便扩充。

(3)灵活性强。DCS 通过组态软件根据不同的流程应用对象进行软硬件组态，方便构成所需的控制系统。

(4)功能齐全。DCS 控制算法丰富，集连续控制、顺序控制和批处理控制于一体，可实现串级、前馈、解耦、自适应和预测等先进的控制方式。DCS 降低了测控系统的成本，易于实现测试设备的远程测控、诊断与维护。

7.1.4　现场总线控制系统

现场总线控制系统(Fieldbus Control System，FCS)可以将终端设备通过现场总线网络连接成系统，用网络将测控系统中基本功能单元互联起来。根据 IEC61158 现场总线标准第 3 版中规定，有 10 种类型的现场总线，包括 Ethernet/IP、Profibus、Profinet 等。

现场控制设备具有通信功能，便于构成微电网底层的控制网络，FCS 废弃了 DCS 的输入/输出单元和控制站，使控制系统结构具备高度的分散性。现场总线的通信标准公开、一致，使系统具备开放性，设备间可互操作，功能块与结构的规范化又使具有相同功能的设备间具有互换性。

工业以太网是从办公室自动化领域衍生的工业网络协议，主要指 IEEE 802.3 协议，如果进一步采用 TCP/IP 协议族，则为 TCP/IP Ethernet(TCP/IP 以太网)，其技术特点主要适合信息管理、信息处理系统。过去认为 TCP/IP Ethernet 与工业网络在实时性、环境适应性、总线馈电等许多方面的要求存在差距，在工业自动化领域只能得到有限应用。但是随着网络技术的飞速发展，TCP/IP Ethernet 正迅速渗透进入工业自动化领域。

对微电网设备进行实时动态监控管理的系统，能够通过 IP 网络，将地域分散的设备通过 TCP/IP Ethernet 进行信息的传输和交换，可以构成网络化测控系统。在微电网系统层以及与其他网络互联的应用上，大多采用 TCP/IP Ethernet。

现场总线控制系统核心主要包括三个部分：监控装置、网络、监控中心。典型的微电网现场总线控制系统结构如图 7-4 所示。

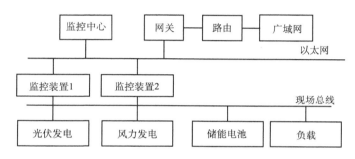

图 7-4 微电网现场总线控制系统结构

监控中心具有以太网接口，可以直接接入互联网。地区互联、地区上联、省级互联、省级上联都可采用电话网与互联网互为备份的形式，协议统一采用 TCP/IP 协议，网络的大小和拓扑结构可以任意选取。

监控装置包括以下几个模块：通信模块、遥测模块、遥信模块、遥控模块、主控模块。

(1)通信模块提供一个以太网接口，在主控模块的控制下与本地监控中心的通信服务器通信。通信服务器可以采取一主一备，也可以两个同时运行。

(2)遥测模块主要实时采集监测模拟量，包括电站设备的电性能参数、运行环境参数(如温度、湿度)、其他各种需要监控的信号。

(3)遥信模块主要采集开关量，包括电源跳闸、合闸、各种开关的通断、设备的投入与退出、水浸、烟感、门窗开关、门禁系统、消防系统报警等。遥信模块还可以用来测量电网的频率。

(4)遥控模块主要是微电网分布式电源的管理、遥控灭火、空调启停、控制摄像头云台等。遥控的工作模式采取两步完成：第一步选中要控制的对象，并返回对象选中与否的信息；第二步确认执行，提高可靠性。

(5)主控模块完成对系统的控制，完成数据的采集、运算、判断和控制。

除以上模块外，现场总线控制系统还可以设置或完成诸多测控功能，例如，图像监控、温湿度监控、消防告警与自动控制、防盗告警、防水告警与监测、直流电源系统告警与监测、交流电源系统告警与监测、空调设备的控制与监测。对微电网的运行实况，可以通过 IP 网络上传到监控中心，计算机自动保存并处理各种数据，并能够根据汇总数据发现各种非正常运行状态及时报警，避免事故的发生。

例如，TELEPERM-XP 系统是西门子公司专门为电厂开发设计的测控系统。该系统主要由六大部分组成：AS 实现过程自动控制，OM 实现操作和监视的中央过程控制与信息处理，DS 是具有诊断功能的计算机系统，ES 实现系统组态和工程管理，PG740 是调试工具，还有连接所有 AS、OM、DS、ES 的 SINEC 总线系统(LAN)。系统采用电厂总线、终端总线两级总线结构，通信介质为光纤。

7.2　智能微电网

7.2.1　特点与结构

微电网的智能化暂无国际规范，但是部署在不同位置的微电网在逻辑上可以当作一个变电站进行管理，而智能变电站(Smart Substation)的概念和实践已经非常成熟，同样可以将微电网作为一个智能变电站对待，形成智能微电网。

智能变电站的定义是由先进、可靠、节能、环保、集成的设备组合而成，以高速网络通信平台为信息传输基础，自动完成信息采集、测量、控制、保护、计量和监测等基本功能，并可根据需要支持电网实时自动控制、智能调节、在线分析决策、协同互动等高级应用功能的变电站。智能变电站的内涵是可靠、经济、兼容、自主、互动、协同，特征是一次设备智能化、系统高度集成化、信息交换标准化、运行控制自动化、保护控制协同化、分析决策在线化。

结合智能变电站的定义可以将智能微电网看作业务流程完整、数据可靠、遵循有关标准、体系架构开放、功能集成、信息互动的智能化电力源，可以实现微电网与调度、相邻微电网、电源、用户之间的协同互动，支撑各级电网的安全稳定经济运行。

智能微电网与传统电站的差异，如图 7-5 所示，IED 是指智能电子设备(Intelligent Electronic Device)。

传统电站二次设备集中布置，使用控制屏监控。智能微电网依赖于智能一次设备、监控系统测控互动管理。

与传统电站比较，智能微电网在以下 3 个方面有了明显的改变。

(1)智能微电网设备符合易集成、易扩展、易升级、易维护的工业化应用要求，一次设备用智能一次设备替代。智能一次设备是一次设备的状态监测和二次系统融合,形成真正的一体化平台。一次设备的智能化改变了传统电站继电保护设备的结构,有利于对关键设备进行状态监测和设备检修。

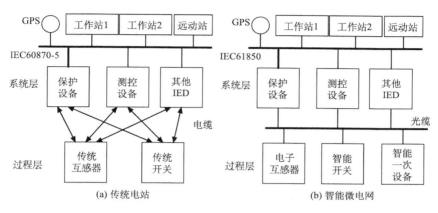

图 7-5　传统电站和智能微电网

(2)智能微电网建立起以设备为对象的分布式智能节点,可以统一和简化微电网的数据源,形成一致的微电网基础信息,以统一的标准实现微电网内外的信息共享。智能微电网可以根据运行需求,存储数据更多、更快,实现数据挖掘,完成智能微电网所要求的高级分析和优化功能。

(3)采用高速(以太网)网络和更加经济的技术手段,传输微电网内外信息标准化、规范化,便于远程监测,便于向电力输配电调度中心传输信息。

例如,SIEMENS 智能变电站,其特点有:一次设备状态检测、智能评估及预警,同步相量测量可以增强观测跨区域电网振荡或其他重要动态行为分析,电站状态估计功能,电站内校正拓扑错误和完成状态估计。

智能微电网的结构参考图 7-5(b)。智能微电网的结构大体上分为就地控制层、集中控制层、调度管理层,与微电网的分层控制结构统一。智能微电网的通信网络应建立包含电网实时同步运行信息、保护信息、设备状态、电能质量等各类数据的标准化信息模型,保证基础数据的完整性及一致性。智能微电网应满足电力系统"三道防线"、继电保护"四性"(灵敏性、选择性、速动性、可靠性)、《电力二次系统安全防护总体方案》的要求。《电力系统安全稳定导则》规定电力系统承受大扰动能力的安全稳定标准分为三级,为满足三级标准的要求,微电网按三道防线规划、配置、调度管理。

7.2.2　就地控制层

就地控制层主要由发电设备、智能终端设备和执行机构构成,完成变电、测量、控制、保护、监测、计量等相关功能，接收上层下发的遥控命令，并下发给具体的设备。

智能终端设备的主要功能有：①信号转换、数据输出符合数字化的要求，且满足各种应用对数据采集精度、频率、故障暂态分量的要求；②采集与控制系统就地设置，就地安装时应适应现场电磁、温度、湿度、沙尘、振动等恶劣运行环境；③应具备异常时钟信息的识别防误功能，同时具备授时功能；④应具备参量自检测、就地综合评估、实时状态预报、自诊断、自恢复功能，相关信息能以网络方式输出；⑤具备即插即用功能、有标准化接口及结构。

智能一次设备是一类智能终端设备，是以一次设备为基础，采用多传感器信息融合与智能评估技术构成的设备。智能一次设备通常是通过传统一次设备（主要是变压器、断路器等）本身附加智能组件的模式组成智能终端设备。智能终端设备可以内嵌智能组件，也可以外挂。智能组件由若干智能电子装置集合组成承担宿主设备的测量、控制和监测等功能。智能组件内部可选测量单元、控制单元、计量单元、通信单元等功能单元，功能单元之间相对独立，所以可以灵活组合这些单元形成不同功能的智能组件。

在中高压微电网中，智能终端设备主要有智能变压器、智能高压电器和电子式互感器三类。其他高压设备，如合并单元、户外柜等，也可以改造成智能终端设备。

(1) 智能变压器。智能变压器由变压器、冷却系统、变压器油以及有载调压等部分组成。智能变压器的智能化主要依靠智能变压器组件和网络，将多种监测装置综合在一起，实现变压器运行状态的综合数据分析和数据处理，集成了局部放电在线监测、油中溶解气体分析、温度负荷在线监测、综合状态特性分析和网络数据传输等技术，实现状态上传、冷却系统自动控制、分接头调节、本体保护、告警等功能。

(2) 智能高压电器。智能高压电器主要由断路器、隔离开关和接地开关组成，增加测量压力、温度、电流、电压等信息的传感器，在授权条件下控制电站内断路器、隔离开关、接地开关的分合闸动作；具有保护功能、自检同期功能；能够监测开关、刀闸的状态，监测液压油及气体的纯度、压力和温度；能够统计油泵和开关启动次数及启动时间，实现状态上传、本体保护、告警等功能。

(3) 电子式互感器。电子式互感器采集电压、电流信号，采集器就近采集点安装，低功率、小信号模拟输入，增加计量、通信单元，获得数字信号输出。

在低压微电网中，智能终端设备可归纳为采集终端、控制终端和保护终端三类。

(1) 采集终端。微电网中的采集终端包括智能电能表、智能插座、电流/电压互感器、传感器、环境检测仪等。智能电能表和智能插座主要完成用户侧微电网中用电信息的采集、电能质量的监控。电流/电压互感器是电气量测设备，负责采集电流、电压等电气参数。传感器主要负责对储能、保护、负荷控制开关等微电网关键设备运行状态进行采集。环境检测仪对湿度、风速和风向等环境参数实时采集，为分布式电源发电预测提供依据。

（2）控制终端。微电网中的控制终端包括分布式电源控制器和负载控制器两类。分布式电源控制器能够实现有功功率和无功功率控制、电压控制、最大功率点跟踪控制等，负载控制器主要对各类负载进行通断管理和控制。

（3）保护终端。保护装置主要分继电器和断路器两种，保护终端就是保护装置结合了智能组件构成的低压智能终端设备。由于目前大部分微电网属于并网型，当电网出现故障时微电网切换运行模式从并网到离网，所以微电网的静态开关可看成一种特殊的保护终端。

7.2.3　集中控制层

集中控制层在微电网调度管理层与就地控制层之间起到"上传下达"的作用，与分层控制微电网的微电网级控制基本对应。

集中控制层接收调度管理层、上级调度中心下达的指令，安全校核正确后下达就地控制层，实现底层设备自动控制的功能。集中控制层的控制保护设备接收数据的同时会进行分析比较，如果一些数据超出正常范围，如电压、电流值等超限，就会进行逻辑保护，实施自动故障保护跳闸、逻辑闭锁等。

集中控制层中包含了通信服务器，该服务器可将微电网就地控制层设备使用的传统规约进行转换（如 Modbus 转 IEC61850 协议），并通过网关代理与就地控制层中的其他设备进行实时通信，实现微电网底层设备之间的数据交换。集中控制层采用标准通信协议，与用户、调度等外部系统进行信息交换，能转发进线、出线运行状况等相关信息。就地控制层上传的数据，比较判断后将数据继续上传或直接控制就地控制层设备动作，提高智能微电网保护的响应能力。

集中控制层综合利用无功补偿设备自动调节等手段，达到支撑调度系统安全经济运行和优化控制的目的。

7.2.4　调度管理层

调度管理层对微电网内部实现发电子系统、设备的实时监控、能量管理，还要选择性地实现分布式电源出力平滑控制、自动电压无功控制、分布式电源发电互补经济运行分析、联产优化控制、削峰填谷等。

调度管理层对微电网外部实现微电网与配电网调度中心的信息交互，将微电网与配电网之间的交换功率、并离网状态、运行模式等重要信息上传配电调度中心，并接收配电网调度中心对微电网的设置指令，如交换功率、功率因数、计划孤岛、运行模式等指令。

智能电站的辅助设施主要有地理信息系统、图像和视频监控、安防系统、场站自用电等。

(1)地理信息系统。地理信息系统软件可以作为一个统一的集成平台，也可以根据原始数据来制作专题地图，将地图分布模型融入微电网系统中，实现地理位置与微电网监测信息的结合。

(2)图像和视频监控。通过红外摄像仪获取风力发电机组、光伏阵列中组件的红外视频图像，分析热斑效应、组件隐裂，及时发现潜在缺陷，减轻工作人员劳动强度，提高发电率。

视频监控系统与微电网监控系统在设备操控、事故处理时协同联动，显示被操作对象的实时图像信息，并具备就地、远程视频巡检设备的功能。视频监控系统可以明确地区分出人、车或动物等，对目标物体进行分离、侦测、监控，一旦发现监控画面中目标出现异常时，系统能够以最快、最佳的方式提供有用信息或告警。

(3)安防系统。通过门禁控制器实现对微电网场站的出入口管理，不再采用传统的机械钥匙，门禁控制有灵活的管理权限和实时监控微电网场站出入口的能力。

对讲广播、烟感监控、水浸监控、告警信号等接入控制中心，与应急指挥信息系统连接，能可靠、有效地发挥灾害防范、安全防范系统的作用。融合语音与视频通信，实现设备区内流动人员授权活动和语音交流，非法入侵时能广播告警。

微电网场站设置多防区、巡更、周界防范等多种安全设施，报警灯(或警铃)指示，告警信号连接紧急报警系统，实现入门事件联动、异常报警联动。

(4)场站自用电。微电网场站自用电一体化考虑，将直流、交流、逆变、不间断电源(Uninterrupted Power Supply，UPS)、通信等电源一体化设计、配置、监控，其运行工况接入当地监控系统，并上传至微电网控制中心。

7.3　通　信　技　术

7.3.1　微电网的通信方案

通信网是微电网实现调度监控的基础，通信网实现微电网中所有电力系统环节的全覆盖，形成智能设备之间、设备与控制系统之间的信息可以安全可靠地互联互通。

从通信网传输角度看，微电网承载的数据业务归为以下四类。

(1)状态量，即遥信量。状态量是基于时间驱动产生的数据，报文大小和发送时间间隔事先确定，主要包含微电网运行状态、设备运行状态、断路器、继电器等开关分合状态和故障信息(根据测量数据和开关状态，通过计算和分析得出微电网故障状态)。因状态量关系到整个电网和配电网的安全稳定运行，所以状态量的实时性和准确性要求较高。

(2)控制信息，即遥控量。控制信息属于外部事件驱动数据，包含各级上层决策中心向不同类型的微电网中终端设备下发的遥控、遥调等控制命令。

(3)测量信息，即遥测量。测量信息包含通过采集终端获取的电流、电压、功率、频率等电气量数据和温度、风速、湿度等环境数据。测量信息属于周期性数据，数据量大。

(4)其他数据业务，如电能计费、历史数据记录等相关辅助服务，这类报文数据量大，但实时性要求不高。

完成通信任务的技术方案有多种，微电网并网时不同数据类型对通信技术的需求(时间延迟、校验等)会略有差异，但目前还没有对微电网通信技术形成统一标准。

微电网的通信传输介质可分为有线和无线两类，有线通信的传输介质又有电力线、双绞线、光纤等，无线通信的传输根据波长不同又分为短波、超短波、微波通信等。目前微电网中使用最广泛的有线通信技术有串口通信(RS232/422/485)、总线通信(包括 Modbus、现场总线 Profibus、CAN 总线等)、电力线通信(包括 DLC、电力线载波通信 PLC、BPLC 等)、以太网通信(包括光纤通信和局域网通信)。微电网中使用最广泛的无线通信技术有无线广域网通信、GPRS/CDMA 通信、3G/4G 通信、卫星通信、全球微波互联接入 WiMax 通信、ZigBee、WiFi、短波/超短波通信、空间光通信等。

从通信传输介质、标准、传输速率、传输距离、技术的优缺点等角度对几种典型的有线通信和无线通信技术进行综合比较，具体比较情况见表 7-1 和表 7-2。

表 7-1　有线通信技术比较表

有线	标准	传输速率	传输距离	优点	缺点
电力线 PLC	窄带 PLC 宽带 PLC	窄带 1～10Kbit/s 宽带 1～10Mbit/s	窄带 150m 宽带 1.5km	成本低，灵活性高	信号有损耗，干扰严重
光纤	AON BPON EPON	AON 100Mbit/s BPON 155～622Mbit/s EPON 1Gbit/s	AON 10km BPON 20～60km EPON 20km	长距离，高带宽，抗电磁干扰	设备成本高，不易更新升级
双绞线	ADSL2 VDSL2	ADSL2 12Mbit/s VDSL2 200Mbit/s	ADSL2 7km VDSL2 1.5km	兼容性好，成本低	安全性低

表 7-2　无线通信技术比较表

无线	标准	传输速率	传输距离	优点	缺点
WPAN	ZigBee PRO IEEE 802.15.4	ZigBee PRO 10/250Kbit/s IEEE 802.15.4 20/40/ 250Kbit/s	ZigBee PRO 10～100m IEEE 802.15.4 10～100m	低功耗,低安装成本,网络兼容性好	低带宽,小型网
WiFi	IEEE 802.11g IEEE 802.11n	IEEE 802.11g 最高 54Mbit/s IEEE 802.11n 最高 600Mbit/s	IEEE 802.11g/n 10～100m 最远 300m	成本低,灵活性高	功耗高,抗干扰差
WiMax	IEEE 802.16 IEEE 802.16m	IEEE 802.16 18/28Mbit/s IEEE 802.16m 100Mbit/s/1Gbit/s	IEEE 802.16 最远 10km IEEE 802.16m 0～100km	接入速度快	设备贵,申请频谱
GSM	HSPA LTE	HSPA 14.4/5.75Mbit/s LTE 3.26/86Mbit/s	HSPA 0～5km LTE 5～30km	容量大,全开放,范围广	信道质量差
卫星	LDO	2.4～28Kbit/s	100～6000km	长距离,可靠性高	时延长,终端贵

如何运用恰当的通信技术满足微电网中不同业务的通信需求,已有多种不同的通信技术方案。

选择通信技术方案时,要考虑成本、传输数据的类型、微电网的规模、通信节点的地理位置分布等综合因素,还要利用不同通信技术的优势和特点,才能选取最适合的通信技术。也可以将通信技术和通信规约搭配使用,最大限度地发挥不同通信技术和不同通信规约的优势,完善微电网的通信方案,建设自治、高速、双向的通信网络。

通信技术应用的成功案例很多,以下列举一些。对于低压的抄表系统,采用载波通信可以提高性价比。对于某些偏远地区或者不适宜构建光纤网络的配电网主要节点,可以采用数字微波和卫星通信,作为有线网络的补充。对于移动用户而言,可以采用 3G 技术实现与配电公司远程信息互动,也可以通过 3G 远程控制智能家电。某些设备地点变迁较为频繁的供电系统,可以采用 WiMax 技术。在分布式电源内部,为各个检测器件安装 ZigBee 或 WiFi 发射器,可以方便地在控制室内采集到各个检测点上的实时信息。

7.3.2　基于 IEC60870 的微电网通信

对于微电网中的通信网传输介质,主干通信网通常采用光纤,子站内部通信网、馈线通信网可以采用光纤、双绞线、电缆。

对于微电网的通信协议,微电网控制器和微电网监控中心之间的通信协议可以采用 DL/T 634.5101、DL/T 634.5104(DL/T 634.5 即 IEC60870-5)和 DL/T860(即

IEC61850)标准,微电网控制器内部通信协议可以采用 Modbus、CAN 总线、RS485
总线、IEC60870-5、IEC61850 协议。

　　微电网子系统中的微电网控制器, 通常需要通信网关进行规约转换才能接入
微电网监控中心, 微电网监控中心采用 IEC60870-5 系列协议接入电网的通信网。
电力行业电网普遍采用 IEC60870-5 系列协议作为通信协议的首选, 图 7-6 是采用
IEC60870-5 系列协议的微电网结构图, 其中 ECP(Electric Connect Point)为电气连
接点, 代表开关、断路器以及保护装置。

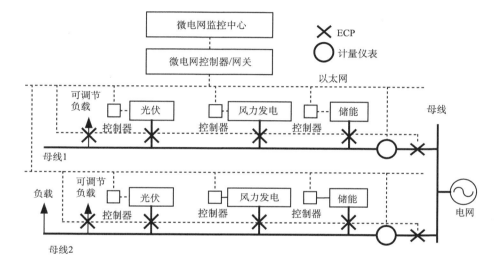

图 7-6　采用 IEC60870-5 系列协议的微电网结构图

　　IEC60870-5-101 是符合调度要求的基本远动通信规约, 支持串行接口。规约
有两种传输方式, 非平衡式传输和平衡式传输。有三种帧格式, 分别是可变帧长
格式、固定帧长格式、单个字符 E5H。IEC60870-5-101 适用于网络拓扑结构为点
对点、多个点对点、多点共线、多点环形和多点星形的网络。

　　IEC60870-5-102 是电力系统综合汇总传输的通信规约, IEC60870-5-103 是为
继电保护和 IED 间数据通信传输的规约, IEC60870-5-104 是支持 TCP/IP 以太网
的通信传输规约。

　　采用 IEC60870-5 系列协议微电网的缺点是:电网中各个厂家的设备型号种类
繁多, 当系统需要扩充规模时, 需要统一的标准进行规范, 使得在选用设备时受
到约束。

7.3.3　IEC61850 的通信协议

微电网的运行、控制、管理及保护都与传统电网有所不同，特别是智能微电网(或电站)主要依赖于信息的实时采集和传输控制，对通信系统的时延、安全性、稳定性提出了更高的要求。

目前，广泛应用于微电网中的通信标准有 IEC61850、IEC61970/61968、IEC61400-25、IEC62351 和 IEC60875-5 系列标准，其中 IEC61850 标准融合了新标准、新技术，对于涉及电力、工业制造等领域的应用都可以借鉴和引用。

IEC61850 作为智能变电站的唯一国际标准，因其良好的可扩展性和体系结构，现已成功扩展到水力发电、分布式风力发电等领域。

由于 IEC61850 通信规约具有实现智能电子设备(IED)间的数据交换无缝连接、增强各厂商设备型号间的互操作性、提高系统和设备的自动化性能、自定义规范化、节约一/二次设备成本的优势，IEC61850 标准在微电网通信领域内的应用越来越广泛。

IEC61850 技术特点有信息模型与通信协议独立、对象数据的自描述、面向对象的数据统一建模等特点。

(1)信息模型与通信协议独立。 IEC61850 定义的信息模型独立于通信协议，采用不同通信方式时不需要改变 IEC61850 已经定义的各种信息模型，只需要改变 IEC61850-8-1 或 IEC61850-9-2，就可以选用最合适的通信技术组建通信网。

(2)对象数据的自描述。IEC61850 标准对信息采用面向对象的自描述方法，数据都带有自我说明，不需要再对数据进行工程物理量转换等工作，简化了数据库的管理和维护工作。

(3)面向对象的数据统一建模。IEC61850 标准采用面向对象的建模技术，使得信息模型具有继承性、可复用性等特点，通过面向对象建模技术的运用，IEC61850 构建起结构化信息模型，为应用 IEC61850 标准的 IED 实现良好的互操作提供了有力保证。

将 IEC61850 标准运用于智能微电网信息交互，可以提升微电网的开放性和可扩展性，降低系统通信标准与接口标准化工作的难度及成本。

IEC61850 规范的内容有 14 个部分，涉及设备的功能规范、报文信息类型、通信映射、一些硬件的性能指标以及在工程中的应用等。

IEC61850 规范的第 1 部分到第 5 部分，主要概述了 IEC61850 标准，并对使用 IEC61850 标准的通信、系统、项目管理等方面提出了具体的要求和规范。IEC61850 标准中第 6 部分是对变电站配置描述语言 SCL 的规范，第 7-1 和第 7-2 部分介绍了 IEC61850 通信原理、模型及抽象通信服务接口 ACSI(Abstract

Communication Server Interface)，第 7-3 部分定义了 IEC61850 建模需要使用的公用数据类，第 7-4 部分则定义了配置文件中的兼容逻辑节点类和数据类，第 8-1 部分说明了特定通信服务映射(Specific Communication Service Mapping，SCSM)到制造报文规范(Manufacturing Message Specification，MMS)的规范和方法，第 9-2 部分定义了采样值通过 SCSM 技术映射到 ISO/IEC8802-3 传输的规范，第 10 部分规范了 IEC61850 模型的一次性检测，使 IEC61850 模型和通信能够符合标准。IEC61850-90-1 规范了 IEC61850 标准在变电站之间的通信，提出了隧道和网关两种不同的通信方式和建模方法。IEC61850-90-2 主要应用于变电站与远程控制中心之间的数据交换。目前，针对 IEC61850 在微电网中的研究，主要涉及分布式能源(Distributed Energy Resources，DER)的逻辑建模及通信接口的实现、IEC61850 协议在微电网监控、控制、保护和能量管理系统中的应用。

IEC61850 标准将实际的自动化功能虚拟成抽象通信服务接口 ACSI，然后将服务映射到具体的协议栈。传输的三种协议为 MMS 协议、面向通用对象的变电站事件(Generic Object Oriented Substation Event，GOOSE)协议和采样值(Sampled Value，SV)协议。

7.3.4　基于 IEC61850-7-420 的微电网通信

2010 年，国际电工委员会颁布了分布式能源领域的标准 IEC61850-7-420。

根据 IEC61850-7-420 的定义和微电网设备的功能，将微电网分为调度管理层、集中控制层、就地控制层，典型的分布式电源组网方式如图 7-7 所示。计量仪表使用电能表，串联在电网关口，完成有功、无功、潮流等电能统计。粗实线

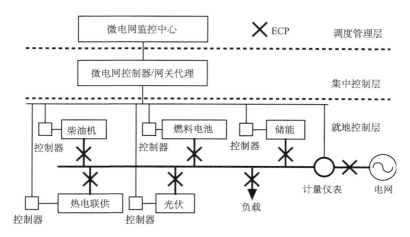

图 7-7　IEC61850-7-420 中典型的分布式电源组网方式

代表交流母线和一次设备电气连接，每一路带控制器的分布式电源经过电气连接点 ECP 连接交流母线，ECP 同 IEC60870 协议中的含义一致，代表开关、断路器以及保护装置。细实线代表二次设备通信接线，分布式电源的控制器连接到通信线路上，分布式电源通过控制器、网关代理与微电网监控中心进行信息交互。

在通过 IEC61850 构建逻辑设备模型时，首先将分布式电源中的每个设备划分成多个逻辑节点 LN，然后构建设备的信息模型，最后构建发电系统逻辑设备模型。

以下以光伏发电系统为例，构建发电系统逻辑设备模型。根据 IEC61850-7-420 标准中对光伏发电系统信息模型的定义，把光伏发电系统归结为发电模型、控制器模型、电力电子变流器模型、测控模型和 ECP 电气连接点信息模型。发电模型的逻辑节点由光伏组件特性 DPVM、光伏阵列特性 DPVA 等逻辑节点组成。控制器模型含最大功率跟踪 DPVC、追日跟踪控制 DTRC 等逻辑节点。电力电子变流器指光伏逆变器，电力电子变流器模型包括逆变器 ZINV、直流侧输入测量 MMDC、交流侧输出测量 MMXU 及发电保护装置逻辑节点，满足国际标准的光伏逆变器一般都带有过流 PTOC、欠压 PTUV、过压 PTOV 等保护功能的逻辑节点。构建的光伏发电系统逻辑设备模型图，如图 7-8 所示。

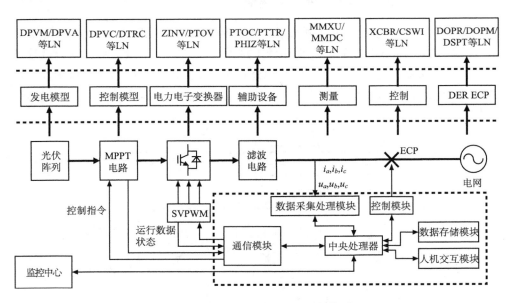

图 7-8　光伏发电系统逻辑设备模型

分布式电源单元建模所需的逻辑节点表，见表 7-3。

表 7-3　逻辑节点表

逻辑节点组	逻辑节点列表
电气连接点 ECP(D)	运行模式控制 DOPM，状态信息 DPST，能量管理 DSCH 等
控制器(D)	DER 控制器特征 DRCT，DER 状态 DRCS，DER 控制行为 DRCC 等
保护设备(P)	过流保护 PTOC，过压保护 PYOV，DC 接地故障保护 PTTR 等
控制设备(C)	开关控制器 CSW1，闭锁 CILO，定点分合 CPOW 等
测量计量(M)	测量 MMXU，计量 MMTR，直流侧输入测量 MMDC 等
开关设备(X)	断路器 XCBR，隔离开关 XSW1
测量设备(T)	电流互感器 TCTR，电压互感器 TVTR
电力电子设备(Z)	最大功率跟踪 DPVC，追日跟踪控制 DTRC，逆变器 ZINV 等
光伏发电设备(D)	光伏组件特性 DPVM，光伏阵列特性 DPVE 等

微电网系统通信服务设计图如图 7-9 所示。

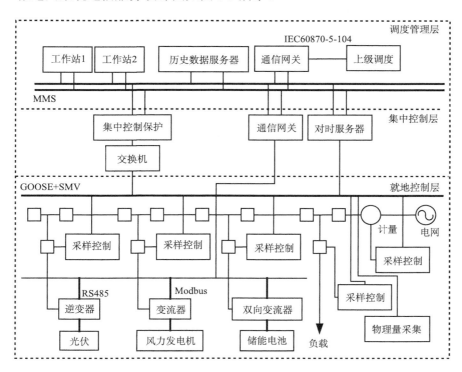

图 7-9　微电网系统通信服务设计图

　　集中控制层与调度管理层之间的信息映射采用 MMS 协议栈进行传输。调度管理层与电网(配电网)调度中心间的信息交互使用 IEC60870-5-104 协议,交互的信息通过通信网关将 MMS 协议数据转换成 IEC60870-5-104 协议数据。

　　就地控制层与集中控制层的数据交互的数据,如控制信息,可以使用 GOOSE 传输,采集信息可使用采样值(Sampled Measurement Values,SMV)服务。控制、遥调、定值下发的数据采用控制服务,遥信、遥测、定值、事件顺序记录(Sequence of Event,SOE)等上传的数据采用报告控制块。GOOSE 是 IEC61850 标准中快速报文传输的机制,主要用于实现在多 IED 之间的信息传递,包括传输跳合闸信号、命令等信息。SMV 服务是指电压电流的采样值合并封装成数据包并发送出去,给保护装置和其他就地控制层的设备使用。

7.4　智能用电

7.4.1　智能用电的体现

　　用电设备通过和电力网络、信息网络相连,形成高效、完整的用电和信息服务体系,对其中信息加以整合分析,供电侧和用电侧互动,指导用户或供电网直接进行用电方式的优化,提高供电质量,优化资源,就是智能用电。

　　在供电侧,智能用电主要有以下效果:①支持大量微电网、分布式电源、需方储能元件和友好型设备的接入与退出,优化资源配置,提高供电的可靠性,增加供电的效率,提升电能质量,如用户侧设备,可以是电动汽车、光伏电源、风力发电机组等,在不改变(或尽可能小地改变)电网供电及保护方式的情况下实现电能补充;②对区域内的短时用电计划作出响应,平滑用电曲线,转移高峰消耗,控制峰值用电量,减少限电的次数,如电动汽车的储能蓄电池在用户用电量有剩余时充电、用电量不足时放电。

　　在用电侧,智能用电主要有以下效果:①与调度互动,提供更多电能消耗/计费方案,降低电力消耗,提升经济效益,如智能电能表、通信网络、计量数据管理系统和用户户内网络等的使用,实现用户侧的数据测量、收集、存储、分析与双向传输,其中智能电能表是智能用电的关键设备;②采用高效设备和可控设备,让用户更充分地参与电能市场管理,实现电能使用的引导、协调和优化控制,如带动态需求控制的灯具、冰箱等用电设备,随着频率的下降,控制器核对用电设备的状态,然后自动关闭电源,计算在完全不耗电的情况下可保持的时间,时间到则重新供电。

7.4.2 智能电能表

智能电能表(Smart Electricity Meter)由测量单元、数据处理单元、通信单元等组成，是具有电能量计量、信息存储及处理、实时监测、自动控制、信息交互等功能的电能表。

智能电能表的性能需求可以归纳为以下几个方面：①采集电压、电流、电量等电气参数和计量负载功率(包括有功功率和无功功率)及功率因数等；②数据记录和储存功能，能实现用户信息全时段全方位采集；③统一的通信协议、通信接口，通信模块采用可插拔方式，数据快速传输，电能表实时在线；④计量信息管理、用电信息管理、电费记账、阶梯电价、用电量监控等功能。

目前智能电能表按用户类型可分为单相智能电能表和三相智能电能表。按缴费方式的不同，可分为本地智能电能表和远程智能电能表。微电网智能电能表通常用三相智能电能表，符合 DL/T 1485—2015《三相智能电能表技术规范》、DL/T 1490—2015《智能电能表功能规范》、DL/T 460—2016《智能电能表检验装置检定规程》等标准。

微电网的关口计量点设置在产权分界点处，用户端的电能计量设置在配电线与用户线的连接点处，智能电能表采集的信息存入微电网调度中心的数据库中。在关口计量点安装智能电能表并接入微电网控制器(或微电网监控中心)，推荐分布式电源与连接母线的每条线路上设置一个智能电能表。智能电能表至少应具备双向有功和四象限无功计量功能、事件记录功能，配有标准通信接口，具备本地通信和远程通信的功能。

三相智能电能表的功能主要有计量、测量、事件记录、通信等，如表 7-4 所示，微电网可以根据不同需求选择配置。

表 7-4 三相智能电能表的功能

计量以及结算日转存	正、反向有功总电能，正、反向各费率有功，正向分相有功，四象限无功，组合无功，正、反向有功最大需量，正、反向有功各费率最大需量
瞬时/约定/定时/日冻结	正、反向总有功电能，正、反向各费率有功，正向分相有功，四象限无功，组合无功，正向有功最大需量，冻结时间
测量	分相电压，分相电流，总有功功率，分相有功功率
输出	电量脉冲，时钟信号/时段投切，需量周期信号
清零	需量清零，电表清零
显示	自动循环显示，按键循环显示，自检显示

续表

事件记录	失压(A，B，C)事件，断相(A，B，C)事件，失流(A，B，C)事件，全失压事件，掉电事件，清零事件，编程事件，校时事件，电压逆相序，开表盖事件，开端钮盖事件
通信	RS485接口，红外接口
时间	日历、计时和闰年切换，两套费率、时段转换，广播对时
其他	停电抄表，停电显示，安全保护，辅助电源，负载记录

　　智能电能表在使用时有以下注意事项：①接入中性点绝缘系统的智能电能表，应采用三相三线有功、无功电能表，接入非中性点绝缘系统的智能电能表，应采用三相四线有功、无功电能表或三只感应式无止逆单相电能表；②接入中性点绝缘系统的三台电压互感器，35kV及以上宜采用Y/y方式接线，35kV以下宜采用V/V方式接线，接入非中性点绝缘系统的三台电压互感器，宜采用Y0/y0方式接线，一次侧接地的方式和系统接地方式相一致；③低压供电，负载电流为50A及以下时，宜采用直接接入式电能表，负载电流为50A以上时，宜采用经电流互感器接入式的接线方式；④对三相三线制接线的电能计量装置，其两台电流互感器二次绕组与电能表之间宜采用四线连接，对三相四线制连接的电能计量装置，其三台电流互感器二次绕组与电能表之间宜采用六线连接。

7.4.3　电动汽车储能

　　电动汽车携带大容量的蓄电池，成为电网储能调峰的一个良好选择。电动汽车上路运行消耗蓄电池的电能，蓄电池接入电网充电消耗电能或者回馈电网电能。在电动汽车的智能用电模式中，充电桩成为关键设备。

　　用于电动汽车的充电桩，可以分为交流充电桩、直流充电桩两类，或慢充和快充两种，慢充电指的是交流充电桩充电，快充电指的是直流充电桩充电。充电桩的基本功能，包括供电、计量计费与监控等，集控制、管理、查询、显示等功能于一体，实现对整个充电过程的智能化控制。

　　1. 交流充电桩

　　交流充电桩是为电动汽车的车载充电机提供交流电源的供电装置。交流充电桩只提供电力输出，没有充电功能，蓄电池充电时需连接车载充电机。交流充电桩电气系统原理图，如图7-10所示，SM为主接触器线圈。

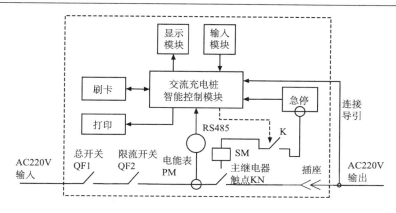

图 7-10　交流充电桩电气系统原理图

2. 直流充电桩

直流充电桩为电动汽车直接提供直流充电电源，直流充电桩的工作原理图如图 7-11 所示。

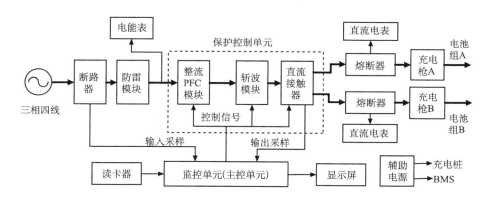

图 7-11　直流充电桩的工作原理图

直流充电桩的工作原理：三相 380V 交流电经过防雷滤波模块后进入三相四线制电能表，三相四线制电能表监控整个充电机工作时的实际充电电量，充电桩的输出经过充电枪后直接给动力蓄电池充电。根据实际充电电流及充电电压的大小，充电枪通常两只并联使用，因此要求直流充电桩有均衡电流输出的功能。

直流充电桩的内部包括主控单元、显示屏、保护控制单元、输入输出信号采集单元、读卡器等。当直流充电桩正常工作时，辅助电源给控制系统供电。另外，在蓄电池充电过程中，辅助电源给蓄电池 BMS 供电，由 BMS 实时监控蓄电池的状态，BMS 的辅助供电电源为 12V、10A。

　　图 7-12 为传统的直流充电桩的电路拓扑图。直流充电桩整流模块的输入端与交流电网(插入了扼流圈)相连，工频交流电通过不可控整流桥和 PFC 电路转换为直流电，经电容 C_1 稳压滤波后，输入桥式逆变电路($T_1 \sim T_4$)变为高频交流电，该高频交流电经变压器 $Tran_1$ 耦合、不可控整流单元($D_5 \sim D_8$)将其转换为不同电压等级的直流电，为不同电压等级的电动汽车蓄电池充电。现在流行的实用方案中，更普遍的方案是用三相维也纳整流电路、LLC 斩波电路、不可控整流滤波电路的组合，维也纳整流电路又有维也纳整流功率模块和分离元器件两种实现方式。

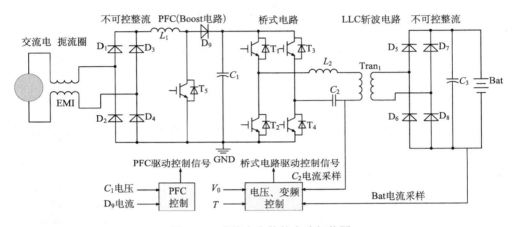

图 7-12　直流充电桩的电路拓扑图

　　为了能够实现蓄电池向电网放电，需要直流充电桩双向运行，结合储能子系统中双向储能变流器的实现方法，可以将直流充电桩改为双向充电桩，控制方式比单向直流充电桩复杂，一种实现方案的主电路原理图如图 7-13 所示。

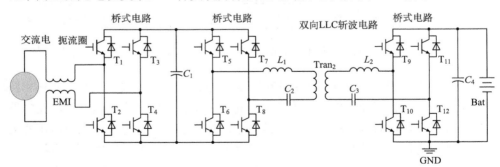

图 7-13　双向直流充电桩的主电路原理图

　　在图 7-13 中，$T_5 \sim T_8$、$T_9 \sim T_{12}$、L_1、L_2、C_2、C_3、$Tran_2$ 构成双向 LLC 斩波电路。当蓄电池充电时，双向直流充电桩的控制方式与单向直流充电桩的控制方式相同，$T_1 \sim T_4$、$T_9 \sim T_{12}$ 工作在整流状态，$T_5 \sim T_8$ 工作在逆变状态。当蓄电池放电时，双向直流充电桩的控制方式为 $T_1 \sim T_4$、$T_9 \sim T_{12}$ 工作在逆变状态，$T_5 \sim T_8$ 工作在整流状态。

思　考　题

1. 监控与数据采集系统(SCADA)的主要功能有哪些？

2. 有哪些常见的组态软件？各自有什么特点？

3. 现场总线系统和集散控制系统的主要区别是什么？现场总线控制系统有哪些优点？

4. 智能终端主要完成哪些功能？有哪些智能终端设备？

5. 传统互感器和电子互感器有哪些区别？

6. 微电网中的通信业务有哪些类型？

7. 比较 IEC60870 和 IEC61850 的应用特点。

8. 智能用电的概念是什么？

9. 在微电网中，智能电能表有哪些作用？

10. 智能用电模式中，电动汽车接入电网，对电网能起到什么作用？

第8章 微电网系统设计初步

8.1 微电网规划设计基础

8.1.1 发电子系统位置

从宏观角度来确定微电网的位置，主要要求有：风能、光能质量好，日照时间长，风向基本稳定、风速变化小，尽量避开灾难性天气频发地区，尽量避开高大建筑物，地形尽可能单一，地质情况能满足风力发电机塔架、光伏支架的基础以及房屋建筑施工的要求，远离强地震带、山洪等灾害地质区域，对环境不利影响小，尽可能接近电网并考虑并网可能产生的影响，交通方便。

从微观角度来确定微电网的位置，主要要求如下。

1. 风能子系统位置

风能子系统的位置，在平坦地形上要考虑地面障碍物，在山丘和谷地复杂地形要考虑谷地方向与主要盛行风向的关系。风力发电机的布设，要综合考虑风场的实际情况，尽量因地制宜优化排布。对平坦、开阔的场址可以采用单排、多排布置风力发电机组，多排布置时应呈梅花形排列，以减少风力发电机组之间的尾流影响。

2. 光伏子系统位置

光伏子系统的位置，要考虑周边地形条件、正南方向的遮挡情况（光伏阵列旁的树木、建筑等）、多排光伏组件的阴影、光伏阵列的风雪荷载、电气设备的布置、线缆走向、施工维护通道、排布美观等。

3. 储能子系统位置

蓄电池通常放置于室内，蓄电池与储能变流器、控制室不宜太远。室内不要有腐蚀性物品，注意室内通风、干燥，保持适宜温度，必要时安装空调。蓄电池支架稳固，符合消防规范。

8.1.2 规划设计的主要内容

微电网整体规划设计主要包括电气系统规划设计、场站规划设计、通信系统规划设计等。

1. 电气系统规划设计

电气系统规划设计主要包括电气系统的容量设计、逆变升压系统设计、发电子系统电气系统设计、交流电气系统设计、保护系统设计、电网接入系统设计、监控系统设计、防雷接地设计等。电气系统的容量设计主要包括用户负载计算，光伏和风力发电机组、蓄电池选型和相关参数选取，光伏阵列的组串设计、组件支架设计、风力发电机塔架设计、支架分布等。

2. 场站规划设计

场站规划设计参照光伏电站、风力发电场建设规范，包括场站建筑设计、站区给排水设计、站区道路设计、站区管线布置设计、场站安防系统设计、站用电规划设计等。

场站建筑设计主要包括站房设计、暖通、消防设计等。场站安防系统设计主要包括周界报警系统设计、视频监控系统设计等。站用电规划设计主要包括站用电接入设计、站用电配电设计等。

3. 通信系统规划设计

通信系统规划设计包括微电网子系统数据传输，场站监控系统数据传输，与其他场站、调度机构等的通信联络规划。

8.1.3　微电网场站设计

以下简要说明几项微电网场站设计中的注意事项。

1. 站房设计

主站房包括控制室、配电室等，一般设置在微电网场站的入口处。

各个分站房应设置在每个单元分区中央(如光伏子阵列的中间区域)，每个发电子系统除组件和汇流箱外的其他逆变设备全部安装于分站房内，室内设置逆变器等，室外配置升压变压器，变压器相邻分站房安装，变压器与逆变器通过电缆沟连接，电缆从不同的位置进线、出线，升压变压器的高压侧直接输出至主站房，分站房以天然采光为主、人工照明为辅，通风采用自然通风或换气扇。

站房总的平面布置应该满足电气生产工艺流程，确定好占地面积大的高压配电装置的方位，同时选择好主控制室的位置，高压装置的布置决定了总布局的基本格局。

2. 消防设计

站区内建筑物均按规定的火灾危险性分类和最低耐火等级要求进行设计。消防方式以化学灭火器为主,并设置沙箱和沙包等常用的消防工具器具。消防设计包括移动式化学灭火器和火灾自动报警系统。控制室通往电缆沟和电缆槽的电缆孔洞及盘面之间的缝隙采用阻燃材料堵严。安全疏散应设计纵横向水平通道,并与主要入口相连通。电缆沟分段分隔,封堵电缆孔洞,涂刷防火阻燃涂料等。

主站房火灾报警系统主要包括探测装置(点式探测器和手动报警器)、集中报警装置、电源装置和联动信号装置等。火灾报警系统的监控范围为主站房、分站房和工作区等,将集中报警装置布置在主控室内,探测点汇接到集中报警装置上。在控制区域内设备或房间发生火警后,在集中报警装置上立即发出声光信号,并记录火警地址和时间,经确认后可以人工启动相应的消防设施组织灭火。报警系统联动方式对区域内主站房、分站房、配电室、办公室的通风机、空调等进行联动控制,并监控其反馈信号。

3. 支架的设计

光伏发电子系统的支架的材质宜选择耐候钢、不锈钢或铝合金等,这些材质具有相当耐腐蚀的特性,可以直接成型使用。铝合金支架采用阳极氧化处理,普通的型钢防腐宜采用热浸镀锌,防腐时间大约与涂层厚度成正比。当铝合金材料与除不锈钢以外的其他金属材料或与酸、碱性的非金属材料接触、紧固时,应采用材料隔离。隔离材料可采用不锈钢薄片或高分子材料。除支架防腐,还有组件防腐、电缆防腐、电气设备防腐。

在条件恶劣的情况下,要求光伏支架设计使用年限为 25 年。按承载能力极限状态计算结构件的强度、稳定性以及连接强度,按正常使用极限状态计算结构件的变形。

8.1.4 微电网投资收益

1. 投资分析

风光储微电网的投资主要包括微电网的一次系统投资与运营维护成本。

一次系统投资 C_I 主要包括光伏发电子系统成本、风力发电子系统成本、储能子系统年成本、储能变流器成本、微电网网架成本。

$$C_I = C_{pv} + C_w + C_B + C_{net} \qquad (8-1)$$

式中, C_{pv}、 C_w、 C_B 为光伏发电子系统、风力发电系统、储能子系统、储能变流器年成本；C_{net} 为微电网网架成本。

C_{pv}、C_w、C_B 与系统容量有关，与光伏组件、风力发电机组、蓄电池单价有关，与贴现率因素有关。C_{net} 主要涵盖微电网网架中所有的一次元件成本，如网关设备、线路、开关、变压器等，此部分成本仅需要一次性投资。

微电网运营维护成本 C_{mc} 指微电网日常运行过程中产生的合理的管理费、维护费、升级改造费及其他人工费用等，一般根据运行维护费用所占总固定投资的比例来计算。

$$C_{mc} = C_1 R_2 \tag{8-2}$$

式中，R_2 为微电网系统的维护费率，可以取 5%左右。

2. 收益分析

微电网收益包括直接收益与间接收益。

直接收益包括售电收益(含自用、直供、上网等)、补贴收益(含国家和地方补贴)、需求响应收益。间接收益包括降损收益、可靠性收益、延缓投资收益、环境收益及节能收益。

光伏发电系统补贴收益 S_P 为

$$S_P = (s_1 + s_2)\left(\sum_{t=1}^{T} Q_{pv}(t)\right)R \tag{8-3}$$

式中，Q_{pv} 为光伏发电子系统的装机容量；T 为年平均峰值日照时数；R 为一年中的光伏发电子系统工作日总数；s_1、s_2 为单位电量国家、地方补贴电价。

电能收益、补贴收益的归属与微电网投资主体有关，微电网可以由电网公司、用户或者第三方运营商投资运营，因此电能收益、补贴收益的归属也就可能隶属于三者中一种或多种；降损收益和延缓投资收益都属于配电网建设方面，因此归属电网公司所有；可靠性收益能够提高用户的供电可靠性，直接受益者为用户；环境收益和节能减排收益能够减轻环境压力，属于社会所有。

对于不同类型的微电网，结合其实际情况确定各参数实际取值后可以估算出微电网的成本和收益。

8.2　仿真与案例

8.2.1　微电网仿真

MATLAB、PSCAD、PLECS、DigSilent、PSim、AltiumDesigner、Saber 等软件可进行微电网仿真研究。其中，MATLAB 通用性强，模块较多，做控制策略研

究是较优的选择，但其收敛速度慢。AltiumDesigner、Saber 软件是电源电路、低压电力电子电路仿真首选。PSCAD、PSim 软件更多是针对电气电路的仿真，对于开关过程可建模，开关过程仿真清晰，研究谐波、动态过程更适合。PLECS、DigSilent 软件更适于长时间的系统级仿真，各种变流器都是模块化封装好的，仿真能实现快速收敛。

图 8-1 是风光储微电网系统的 PLECS 仿真模型,该模型运行于离网控制模式。

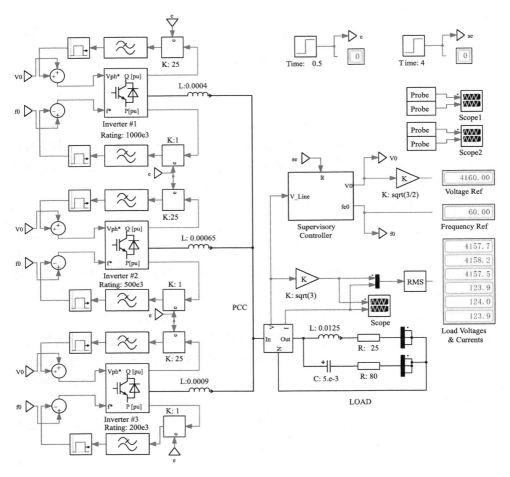

图 8-1　风光储微电网系统的 PLECS 仿真模型

变流器采用下垂控制策略，下垂控制器模型如图 8-2 所示。

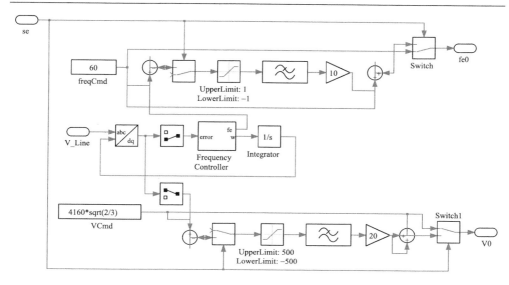

图 8-2　下垂控制器模型

在图 8-1 中，有三个不同 V·A 等级(1MV·A、500kV·A、200kV·A)的分布式电源(太阳能、风能、蓄电池)，监控控制器(Supervisory Controller)确保在公共耦合点 PCC 的频率和电压恒定在额定值。模型采用对等控制，多个分布式电源逆变器(Inverter)采用下垂控制(Droop)，即插即用使分布式电源可以放置在电力系统的任何点，实现系统的高可靠性和发电布局的灵活性。

微电网交流电的频率和电压由监控控制器确定，逆变器使用有源功率/频率(P/f)和无功功率/电压(Q/U)下垂控制来控制逆变器输出的有功功率和无功功率。

该模型开始运行时，监控控制器和下垂控制器两个模块不启动，有功功率 P 和无功功率 Q 值的标幺值(pu)失配，额定 200kV·A 的逆变器接近过载。在 0.5s 时，启用下垂控制，则可以观察到，三个逆变器中 P 和 Q 的 pu 值达到相同的值。在 4s 时启用监控控制器改变输出电压和频率，使输出电压和频率返回到正确的值。

标幺值是一种电气量相对于其基值的表示方式，即标幺值=实际值/基值。基值通常选择电气量的额定值，电气量如电压、电流、功率、阻抗。如果说负载电压高于额定电压 10%，则意味着输出电压为 1.10pu。

8.2.2　示例

目前，全球微电网发展迅速，规划、在建以及投入运行的微电网示范工程超过 400 个，辐射到北美、欧洲、东亚、非洲、拉丁美洲等地区。不同的微电网示范工程，用于研究的项目有所不同。

　　在美国政府机构、电力公司、大型企业的资助下，以 CERTS 为代表的美国各科研机构建立了一系列的微电网实验平台和试点工程。图 1-1 所示的 CERTS 微电网示范工程，主要研究联网和孤岛模式之间的自动无缝切换、无需高速通信实现孤岛条件下的电压和频率稳定。图 8-3 所示的威斯康星麦迪逊分校微电网示范工程，主要用来研究本地下垂控制策略、微电网暂态电压、微电网频率调整和微电网联网与孤岛模式之间的无缝切换。图 8-4 所示的分布式能源技术实验室（DETL）微电网示范工程，主要用来研究分布式电源利用效率、监测分布式电源输出功率的变化和负载变化对微电网稳态运行的影响。

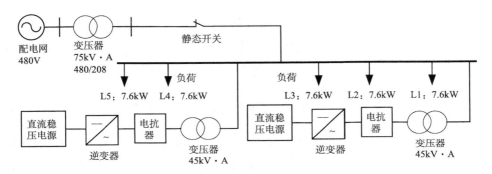

图 8-3　威斯康星麦迪逊分校微电网示范工程结构图

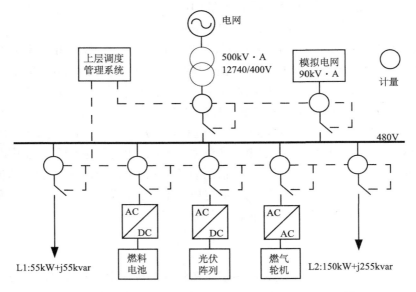

图 8-4　分布式能源技术实验室（DETL）微电网示范工程结构图

中国也有一些微电网示范工程，包括并网型微电网和孤岛型微电网，具体微电网的结构、主要研究内容可查看相关资料。

思 考 题

1. 风力发电子系统、光伏发电子系统的位置选择需要考虑哪些因素？

2. 微电网规划设计的主要内容是什么？

3. 微电网全生命周期投资分析和收益分析主要包括哪些项目？

4. 分析图 8-1 模型的工作过程，修改电压、频率等参数，运行仿真并分析结果。

5. 分析一个离网型的风光储微电网电气系统的容量设计所需的设计条件。

参 考 文 献

陈坚, 2014. 电力电子学——电力电子变换和控制技术[M]. 3 版. 北京: 高等教育出版社.

陈晓东, 2017. 分布式风光互补微网系统双模式逆变器控制研究[D]. 北京: 北方工业大学.

陈新, 姬秋华, 刘飞, 2014. 基于微网主从结构的平滑切换控制策略[J]. 电工技术学报, (2): 163-170.

冯飞, 宋凯, 逯仁贵, 等, 2015. 磷酸铁锂电池组均衡控制策略及荷电状态估计算法[J]. 电工技术学报, 30(1): 22-29.

付贵宾, 李永丽, 陈晓龙, 等, 2014. 基于电流突变量的微电网故障区域判定方法[J]. 电力系统及其自动化学报, 3(3): 7-13.

胡寿松, 2013. 自动控制原理[M]. 6 版. 北京: 科学出版社.

慧晶, 2014. 新能源转换与控制技术[M]. 2 版. 北京: 机械工业出版社.

金新民, 2015. 主动配电网中的电力电子技术[M]. 北京: 北京交通大学出版社.

李富生, 李瑞生, 周逢权, 2013. 微电网技术及工程应用[M]. 北京: 中国电力出版社.

李天福, 钱斌, 潘启勇, 等, 2017. 新能源光伏发电及控制[M]. 北京: 科学出版社.

刘红锐, 张兆怀, 2015. 锂离子电池组充放电均衡器及均衡策略[J]. 电工技术学报, 30(8): 186-192.

刘永前, 2013. 风力发电场[M]. 北京: 机械工业出版社.

刘振亚, 2010. 智能电网技术[M]. 北京: 中国电力出版社.

刘振亚, 2015. 全球能源互联网[M]. 北京: 中国电力出版社.

孟明, 陈世超, 赵树军, 等, 2017. 新能源微电网研究综述[J]. 现代电力, 34(1): 1-7.

阮新波, 2015. LCL 型并网逆变器的控制技术[M]. 北京: 科学出版社.

宋政湘, 张国刚, 2016. 电器智能化原理及应用[M]. 3 版. 北京: 电子工业出版社.

苏流, 2017. 锂电池储能系统的关键技术研究[D]. 合肥: 合肥工业大学.

唐良瑞, 吴润泽, 孙毅, 等, 2015. 智能电网通信技术[M]. 北京: 中国电力出版社.

唐西胜, 邓卫, 齐智平, 2011. 基于储能的微网并网/离网无缝切换技术[J]. 电工技术学报, 26(1): 279-284.

田德, 汪建文, 许昌, 等, 2018. 风能转换原理与技术[M]. 北京: 中国水利水电出版社.

王成山, 2013. 微电网分析与仿真理论[M]. 北京: 科学出版社.

王成山, 许洪华, 2018. 微电网技术及应用[M]. 北京: 科学出版社.

王桓利, 付立军, 肖飞, 等, 2013. 三相逆变器不平衡负载条件下的双环控制策略[J]. 电网技术, 37(2): 398-404.

王圣辉, 2017. 微网逆变器并网与离网切换控制研究[D]. 淮南: 安徽理工大学.

王首顶, 2008. IEC60870-5 系列协议应用指南[M]. 北京: 中国电力出版社.

习朋, 李鹏, 刘金蠢, 2011. 微网并网时的经济运行研究[J]. 电力科学与工程, 27(9): 1-7.

徐青山, 2011. 分布式发电与微电网技术[M]. 北京: 人民邮电出版社.

许子永, 2017. 风光储微电网孤岛运行协调控制策略研究[D]. 呼和浩特: 内蒙古工业大学.

阳同光, 桂卫华, 2015. 电网不平衡情况下并网逆变器控制策略综述[J]. 电工技术学报, 30(14):

241-246.

姚兴佳, 宋俊, 2015. 风力发电机组原理与应用[M]. 2版. 北京: 机械工业出版社.

叶杭冶, 2008. 风力发电机组的控制技术[M]. 2版. 北京: 机械工业出版社.

张程熠, 2017. 光伏微电网发电预测与经济运行研究[D]. 杭州: 浙江大学.

张世翔, 章言鼎, 2015. 微网对继电保护安全运行的影响分析及解决方案[J]. 工业安全与环保, 41(1): 54-57.

张小青, 2014. 风电机组防雷与接地[M]. 北京: 中国电力出版社.

张永健, 2009. 电网监控与调度自动化[M]. 北京: 中国电力出版社.

钟清, 2011. 智能电网关键技术研究[M]. 北京: 中国电力出版社.

周楠, 2017. 计及需求响应的用户侧光伏微电网储能配置方法[D]. 北京: 华北电力大学.

周鑫, 2013. 基于IEC61850的微电网通信的研究[D]. 秦皇岛: 燕山大学.

ETO R L J, 2010. Value and technology assessment to enhance the business case for the CERTS micro-grid[J]. Lawrence Berkeley National Laboratory, 15(1): 1582-1583.

HADJSAÏD N, 2012. 有源配电网[M]. 陶顺, 肖湘宁, 彭聘, 译. 北京: 中国电力出版社.

HÄGERLING C, KURTZ F M, OLSEN R L, et al., 2014. Communication architecture for monitoring and control of power distribution grids over heterogeneous ICT networks[C]. IEEE International Energy Conference (ENERGYCON), Dubrovnik.

KABALCI Y, 2016. A survey on smart metering and smart grid communication[J]. Renewable and Sustainable Energy Reviews, 57: 302-318.

KEYHANI A, 2013. 智能电网可再生能源系统设计[M]. 刘长浥, 等译. 北京: 机械工业出版社.